城市地质调查技术要求
(1∶25 000)

河南省国土资源厅　编

黄 河 水 利 出 版 社
·郑州·

内 容 提 要

本技术要求是规范和指导河南省大比例尺城市地质调查工作的技术性标准，规定了河南省1:25 000城市地质调查的目的和任务、工作内容、工作方法、设计编写、野外调查、综合评价、成果编制等方面的技术要求，是河南省1:25 000城市地质调查工作质量监控、验收评审的主要依据。全书共分为11部分和25个附录。

本技术要求适用于河南省1:25 000城市地质调查，其他比例尺的城市地质调查也可参照使用。

图书在版编目(CIP)数据

城市地质调查技术要求:1:25 000/河南省国土资源厅编.—郑州:黄河水利出版社,2017.1

ISBN 978-7-5509-1681-4

Ⅰ.①城…　Ⅱ.①河…　Ⅲ.①城市-区域地质调查-技术要求-河南　Ⅳ.①P562.61

中国版本图书馆CIP数据核字(2017)第013080号

组稿编辑:王路平　电话:0371-66022212　E-mail:hhslwlp@126.com

出 版 社:黄河水利出版社　网址:www.yrcp.com

地址:河南省郑州市顺河路黄委会综合楼14层　邮政编码:450003

发行单位:黄河水利出版社

发行部电话:0371-66026940、66020550、66028024、66022620(传真)

E-mail:hhslcbs@126.com

承印单位:郑州龙洋印务有限公司

开本:787 mm×1 092 mm　1/16

印张:6.5

字数:150千字

版次:2017年1月第1版　印次:2017年1月第1次印刷

定价:60.00元

河南省国土资源厅办公室文件

豫国土资办发〔2016〕44号

河南省国土资源厅办公室
关于印发《城市地质调查技术要求
（1∶25 000）》的通知

各省辖市国土资源局，各省直管县（市）国土资源局、地质矿产局，各有关单位：

为规范和指导我省城市地质调查工作，服务于城市经济社会发展，我厅组织编制了《城市地质调查技术要求（1∶25 000）》，现予以印发，请遵照执行。

本技术要求适用于河南省1∶25 000城市地质调查。其他比例尺的城市地质调查也可参照使用。

河南省国土资源厅办公室（章）

2016年9月20日

前　言

城市地质调查是城市规划、建设和运行的重要基础和先行性工作。我国城市地质工作紧密服务于城市经济社会发展，在地质资源开发、地质环境保护和地质灾害防治等方面取得了显著成效。尤其是1999年国土资源部实施国土资源大调查以来，城市地质工作得到了快速发展，先后完成了小比例尺的全国主要城市环境地质问题调查评价以及三维城市地质调查试点工作，起到了示范作用。当前，合理规划城市土地利用，实现人地和谐，保障城市可持续发展，对城市地质调查提出了迫切需求。为规范和指导河南省大比例尺(1:25 000)城市地质调查工作，制定本要求。

本技术要求由河南省国土资源厅归口管理。

本技术要求起草单位：河南省国土资源厅
河南省地矿局第二地质矿产调查院
河南省地矿局第五地质勘查院
河南省地矿局第四地质勘查院
河南省地矿局第三地质勘查院
河南省航空物探遥感中心

主要编写人员：王现国　郑　拓　王春晖　谷方莹　高　晓　王晨旭　张大志
戴　兴　詹亚辉　兰　勇　廉　勇　邱金波　狄艳松

参加编写人员：周奇蒙　周春华　任　静　尚永生　吕小凡　吴东民　刘四丽
张　涛　李五立　李　斌　王跃华　王道颖

目　录

1 主要内容与适用范围

本技术要求规定了河南省1:25 000城市地质调查的目的任务、调查内容、工作方法等方面的技术要求,是河南省1:25 000城市地质调查工作程序、设计编写、野外调查、综合评价、成果编制、质量监控、成果提交、验收评审的主要依据。

本技术要求适用于河南省1:25 000城市地质调查,其他比例尺的城市地质调查也可参照使用。

2 规范性引用与参考文件

DD 2008—03	城市环境地质调查评价规范(1:50 000)
DZ/T 0282—2015	水文地质调查规范(1:50 000)
DZ/T 0097—1994	工程地质调查规范(1:2.5万~1:5万)
GB/T 14158—93	区域水文地质工程地质环境地质综合勘查规范(1:50 000)
GB 50027—2001	供水水文地质勘察规范
GB/T 11615—2010	地热资源地质勘查规范
DZ/T 0225—2009	浅层地热能勘查评价规范
GB 50021—2001	岩土工程勘察规范(2009年版)
DZ 44—86	城镇及工矿供水水文地质勘察规范
DZ 55—87	城市环境水文地质工作规范
GB 5749—2006	生活饮用水卫生标准
HJ 493—2009	水质采样 样品的保存和管理技术规定
GB/T 14848	地下水质量标准
GB 15218—94	地下水资源分类分级标准
GB/T 14157—93	水文地质术语
GB/T 14497—93	地下水资源管理模型工作要求
GB 50296—2014	管井技术规范
DZ/T 0124—94	水文地质钻孔数据文件格式
DZ/T 0128—94	地下水资源数据文件格式
DZ/T 0133—94	地下水动态监测规程
DZ/T 0148—94	水文地质钻探规程
DZ/T 0151—2015	区域地质调查中遥感技术规定(1:50 000)
GB/T 958—2015	区域地质图图例(1:50 000)
DZ/T 0181—97	水文测井工作规范
DZ/T 0072—1993	电阻率测深法技术规程
DZ/T 0073—93	电阻率剖面法技术规程
GB/T 14538—93	综合水文地质图图例

DZ/T 0190—2015　区域环境地质勘查遥感技术规程(1:50 000)
DD 2004—02　区域环境地质调查总则(试行)
ZB/T D10004　城市地区区域地质调查工作技术要求(1:50 000)
DD 2008—01　地下水污染地质调查评价规范
DZ/T 0286—2015　地质灾害危险性评估规范
DZ/T 0261—2014　滑坡崩塌泥石流灾害调查规范(1:50 000)
DZ/T 0262—2014　集镇滑坡崩塌泥石流勘查规范
GB 15618—2008　土壤环境质量标准

3 总 则

3.1 目 的

1:25 000城市环境地质调查是一项基础性、公益性、综合性的城市地质调查工作。城市地质调查的目的是获取城市规划、建设和管理所需要的地质资料,规避城市地质安全风险,为城市资源、环境、生态合理开发利用与保护提供地学依据。

3.2 任 务

3.2.1 查明工作区地形地貌、地质构造、地下水、岩土体特征等地质环境背景。
3.2.2 查明工作区主要环境地质问题和地质灾害的类型、分布、成因和危害程度。
3.2.3 初步查明主要地质资源及其开发利用现状,进行水资源保证程度与应急或后备地下水源地论证。
3.2.4 进行地质环境评价,建立城市三维地质结构模型,开展城市地下空间开发利用适宜性评价,为国土开发整治和城市规划、建设、管理提出防治对策建议。
3.2.5 编制城市环境地质图系,建立城市环境地质数据库及评价信息系统。

3.3 工作部署原则

城市地质调查工作应在充分收集资料的基础上进行二次开发,按照缺什么补什么的原则,部署适当的实物工作量,满足相应的调查精度要求。
3.3.1 城市地质调查工作部署优先考虑水文地质、工程地质等条件变化较大及在自然因素或人类作用下已经产生严重环境地质问题的重要城镇区(包括城市规划区)。
3.3.2 城市地质调查以解决各地区城市发展引起的环境地质问题、缓解城市发展与城市地质资源供需矛盾为核心,针对不同地区的关键问题,各有侧重地部署不同层次的调查工作。
3.3.3 城市地质调查应以现代地学理论为指导,在传统方法的基础上,注重利用各种新的调查技术方法,大幅度提高调查工作效率,加大调查的深度和广度。

3.3.4 要充分收集调查区已有的地质、水文地质、工程地质、环境水文地质资料,重视资料的再开发利用,将资料分析研究贯穿于调查工作的全过程。

3.3.5 基础调查以城市地下空间结构、水文地质、工程地质、环境地质条件及其变化为重点,以资源、生态、环境、调蓄功能评价为途径,以提出资源可持续开发利用方案和防治环境地质问题为目标。专题调查针对不同地区的关键问题,各有侧重地部署不同层次的工作。

3.4 基本要求

3.4.1 工作区范围应以城市远景规划区为界。当涉及对城市发展具有重大影响的问题超出远景规划区时,应适当扩大范围(调查区要求包括城市建成区、规划区、产业集聚区、垃圾填埋场区、污水处理厂区、城市风景名胜区等)。

3.4.2 调查工作基本程序:收集资料、遥感解译、野外踏勘、设计编制、地面调查、物探、钻探、野外试验、采样测试分析、室内综合研究、报告编制、数据库建设、成果验收提交等。

3.4.3 城市地质调查应充分收集利用前人资料,充分应用新技术、新方法,提高工作效率、工作精度和研究程度。如果调查区内没有开展相应比例尺的基础地质调查,应补充必要的基础地质调查工作。

3.4.4 调查评价精度,应根据城市类型与规模、地质环境背景、存在的环境地质问题及危害程度、工作区已有地质工作程度等情况确定。城市类型依据所处的地貌条件划分为平原区类型、丘陵山区类型、岩溶山区类型、黄土地区类型,以矿业开发为主要特征的城市可以划分为矿业城市类型(附加上地貌条件)。

3.4.5 依据不同类型城市的地质工作程度,对重大环境地质问题和地质灾害必须部署一定的实物工作量。

(1)在地质条件简单或研究程度高的地区,以收编与补充调查为主,应在全面收集和综合研究已有资料的基础上,采用以调查环境地质问题为重点内容的工作方法。

(2)在地质条件简单、研究程度中等或低的地区,以及水文地质、工程地质、环境地质条件中等或复杂,研究程度中等(较高)的地区,以补充调查为主,应在充分收集和综合研究已有资料的基础上,结合需要解决的城市环境地质问题,采用以适当补充环境地质等方面的调查和全面调查水文地质、工程地质条件动态变化要素为重点内容的工作方法。

(3)在地质条件中等、复杂或水文地质、工程地质、环境地质条件变化较大、研究程度低的地区,应全面调查,全面部署调查工作,采用以查明环境地质条件及其动态变化为内容的工作方法。

(4)在同一调查区内,根据城市发展规划、环境地质条件的变化、环境地质问题的严重程度以及研究程度的差异,划分出一般调查区与重点调查区。一般情况下城市建成区和城市规划区为重点调查区,其他区为一般调查区;环境地质问题严重的地区为重点调查区(根据不同城市存在的地质环境问题可以设 1 ~ 2 个专题进行研究,一般调查区按 1:25 000精度要求执行,重点调查区按 1:10 000 精度要求执行)。

(5)调查区复杂程度确定可以参照附录0。

3.4.6 1:25 000水文地质调查精度参照附录1执行。野外工作开展前,划分确定水文地质调查填图单元,单元划分以含水岩组、埋藏条件为依据,确定含水层系统。

3.4.7 工程地质调查精度参照附录2执行。野外工作开展前,划分确定工程地质调查填图单元,单元划分以岩土体类型、结构组合、物理力学性质为依据,确定标准工程地质层。

3.4.8 工程地质调查测绘应查明城市地区工程地质条件、地质灾害与环境地质问题等,评价区域工程地质适宜性。技术要求执行《工程地质调查规范(1:2.5万~1:5万)》(DZ/T 0097),一般工程地质钻探深度为50~70 m,控制性钻孔深度为80~100 m。根据调查区工程地质条件,布置工程地质剖面测量1~2条,要穿越调查区不同的工程地质单元,对缺少物理力学参数的各类岩土体要进行取样分析确定,取样数量2~6组。

3.4.9 地质构造应调查以下内容:

(1)在资料分析的基础上,结合遥感解译,查明区域构造格架和构造形迹、构造优势面及组合、主要构造运动期次和性质。

(2)应收集区域断裂活动性、活动强度和特征,以及区域地应力、区域地震活动、地震加速度或基本烈度资料,分析区域新构造运动、现今构造活动、地震活动以及区域地应力场特征。

(3)调查主要活动构造类型、规模、性质、分布特征和活动性。

3.4.10 热水型地热资源调查

3.4.10.1 在具有热水型地热资源开发利用前景和需求的城市,开展地热资源可行性勘查。

3.4.10.2 应在充分了解热水型地热地质背景的基础上,结合地热资源开发规划或开发工程项目的要求,开展地热资源可行性勘查,查明热储的岩性、厚度、分布、埋藏条件及相互关系,主要热储和地热流体特征,评价地热资源量,提出开采方案。

3.4.10.3 热水型地热资源调查执行GB/T 11615。

3.4.11 浅层地热能调查

3.4.11.1 应查明浅层地热能条件、分布规律,进行适宜性分区和区域浅层地热能评价,对地源热泵工程运行情况逐个进行调查,为地源热泵工程进行可行性评价提供依据。

3.4.11.2 区域浅层地热能调查评价执行DZ/T 0225。

3.4.12 地下空间资源调查

3.4.12.1 收集地下空间规划资料,调查地下空间(含天然洞穴)开发利用状况。

3.4.12.2 地下空间资源调查深度以50 m以浅为主,特大型城市可根据需求适当增加调查深度。

3.4.12.3 查明与地下空间利用相关地区的水文地质条件、工程地质条件、环境地质问题及其对地下空间利用的影响。

3.4.12.4 综合分析水文地质条件、工程地质条件、环境地质问题等因素,进行地下空间开发利用适宜性评价,提出地下空间利用规划建议。

3.4.13 地质遗迹资源调查

3.4.13.1 对具有特殊意义的地质遗迹资源进行调查,调查地质遗迹基本类型。

3.4.13.2 从科学价值、美学价值、稀有价值、自然完整价值、科普教育价值及旅游开发价值等方面,评价地质遗迹价值,从环境优美性、观赏通达性和安全性等方面,分析其开发利用前景。

3.4.14 应急水源地及后备水源地调查

按照《供水水文地质勘察规范》(GB 50027—2001)有关要求执行。

3.4.15 矿业城市地质调查除按本条规定执行外,还要参照《矿区水文地质工程地质勘探规范》(GB 12719—91)开展以下主要工作。

3.4.15.1 查明矿区水文地质条件及矿床充水因素,预测矿坑涌水量。对矿床水资源综合利用进行评价,指出供水水源方向。对矿区水文地质条件变化进行专题分析研究。

3.4.15.2 查明矿区的工程地质条件,评价露天采矿场岩体质量和边坡的稳定性,或井巷围岩的岩体质量和稳固性,预测可能发生的主要工程地质问题。

3.4.15.3 评述矿区的地质环境质量,预测矿床开发可能引起的主要环境地质问题(地貌景观破坏、含水层破坏、土地资源破坏等)及地质灾害(崩塌、滑坡、泥石流、地裂缝、地面塌陷、地面沉陷等),并提出防治的建议。

4 设计书的编制与审批

4.1 设计书编制原则

4.1.1 设计书编制应遵循接受任务、收集有关资料、现场踏勘、设计论证、组织编写的程序进行。设计方案要合理使用工作量,力求以较少的工作量取得较好的成果,达到工作布置合理,技术方法先进,经费预算正确,组织管理和质量、安全保证措施有效可行。

4.1.2 设计书必须做到目标任务明确,依据充分,部署合理,内容全面,方法得当,技术要求具体,组织管理和质量、安全保证措施有力,文字简明扼要,重点突出,附图、附表清晰齐全,经费预算合理。

4.1.3 每个项目结合实际情况设1~2个专题研究(第四系地质研究,地下水污染机制研究,地下空间开发适宜性研究,活动断裂评价,应急水源地、后备水源地评价,咸水资源利用技术,高氟水形成机制,地下水回灌技术,地源热泵应用关键技术,垃圾堆放场适宜性评价,工程地质区划研究等)。

4.1.4 设计书编写的主要依据

(1)项目任务书;

(2)地质背景条件、存在的主要问题与以往研究程度;

(3)有关技术标准和经费预算标准。

4.2 设计书内容要求

4.2.1 设计书编写参考大纲,见附录3。

4.2.2　设计书附图、插图

(1)地质研究程度图;

(2)地形地貌图、地质构造图、水文地质图(及剖面图)、工程地质图;

(3)地质环境问题与地质灾害现状分布图;

(4)城市地质资源开发利用现状图;

(5)水文地质勘探孔、工程地质孔设计柱状图、工作部署图。

4.3　设计书审批

设计书由项目承担单位组织初审,报国土资源主管部门审查,经批准后组织实施。

5　工作内容与技术要求

5.1　基本调查内容

5.1.1　根据城市所处的地貌单元与地质特征类型,调查对城市的规划、建设和管理形成制约或产生影响的地质问题,研究确定影响城市规划建设的不良地质现象和地质灾害,并进行分析与评价。在此基础上,充分收集分析已有资料,确定调查工作内容和技术要求。

5.1.2　气象、水文调查

5.1.2.1　气象

收集调查区及周边地区气象站的长系列(建站开始至2015年)降水量、蒸发量、气温、湿度、冻结深度及暴雨等气象资料。

5.1.2.2　水文

调查河流、水库、湖泊等地表水体的分布;收集主要河流的流域面积、径流量、流量、水位、水质、水温、含砂量及其动态变化资料(建站开始至2015年);调查水库容量、水质;调查地表水与地下水(含暗河、泉等)的补排关系;调查水利工程类型、分布、规模、用途和利用情况,现状水利工程和地表水作为人工补给地下水的可能性。

5.1.3　基础地质调查

5.1.3.1　地形地貌调查

调查地貌成因类型、形态、分布、物质组成、成因与时代以及地貌单元间的接触关系,调查研究地形地貌与地下水形成、埋藏、富集、补给、径流、排泄的关系。

5.1.3.2　地层岩相调查

(1)地层层序、地质时代、成因类型、岩性岩相、产状、厚度和分布及接触关系。

(2)前新生代地层:沉积岩和火山岩类划分至统(群)或亚统(组);变质岩划分至群(岩群)或组(岩组),含水岩组应划分至组或段;侵入岩按岩类结合构造期划分。各岩类应调查其形成时代、岩性、颜色、粒度成分、矿物组成、结构构造、孔隙和裂隙性质、风化特征、地层厚度、地层接触关系。沉积岩还应调查岩相古地理研究的环境标志(如物质成分、结构构造、原生沉积构造、古生物化石等），确定岩相类型和分布规律，分析沉积相与地下水及其水质形成的关系。

（3）第四纪地层：应在成因类型基础上划分至统或组。调查第四系松散堆积层的地层层序、成因、时代、岩性、颜色、粒度、主要矿物组分、地层厚度、胶结程度等；调查第四系与第三系的分界面，研究主要含水层的形成时代及新生代的沉积规律，研究冲洪积层、湖积层、海相沉积层、泥炭以及冰积层的分布特征，确定沉积物的成因和沉积环境；调查下伏基岩的埋深、基岩面起伏形态、地层时代、岩性等。

5.1.3.3　地质构造调查

（1）调查地质构造类型、性质、产状、规模、分布、形成时代、活动性及其水文地质意义。在收集和分析已有资料的基础上，了解工作区大地构造单元部位、区域构造和新构造运动特征。活动断裂地质安全性评价参照附录22执行。

（2）调查褶皱构造的类型、形态、规模，组成的地层岩性和产状，次级构造类型、特征和分布，储水构造类型、规模和分布。

（3）调查断裂的类型、力学性质、级别、序次和活动性，影响的地层，断层构造岩分带及断层的水理性质。

（4）调查构造裂隙的类型、力学性质、发育程度、分布规律，裂隙率、裂隙充填情况，构造裂隙与地下水储存、运移的关系。

5.1.4　水文地质条件调查

5.1.4.1　含水层空间结构调查

（1）含水层的埋藏条件和分布规律，包括含水层岩性、厚度、产状、层次、分布范围、埋藏深度、水位、涌水量、水化学成分以及水文地质参数，各含水层之间的水力联系等。

（2）隔水层埋深、厚度、岩性和分布范围。

（3）包气带的厚度、岩性、孔隙特征、含水率及地表植被状况。

（4）机井、民井的深度、结构、地层剖面、开采层位，水位、水量、水温、水质及其动态变化；选择有代表性的机井进行分层抽水试验，确定各含水层组单井涌水量和水文地质参数。

5.1.4.2　地下水补给、径流、排泄条件调查

（1）调查地下水的补给来源、补给方式或途径、补给区分布范围；调查地表水与地下水之间的补排关系和补给、排泄量；调查地下水人工补给区的分布，补给方式和补给层位，补给水源类型、水质、水量，补给历史。

（2）调查地下水的径流条件、径流分带规律和流向；调查地下水径流条件的变化，分析地下水流场变化的原因，统测枯水期地下水位（头），绘制地下水等水位（压）线和埋藏深度图；调查不同含水层之间、地下水和地表水之间的水力联系。

（3）调查地下水的排泄形式、排泄途径和排泄区（带）分布，重点调查机井与民井的开采量、矿坑排水量和泉、地下暗河、坎儿井等的排泄量。

（4）调查泉的类型、位置、出露条件、含水层、补给来源，泉的流量、水温、水质。对于大泉（岩溶泉、溢出带泉群等）应调查泉域范围或主要补给区。

（5）选择有代表性钻孔、机井、民井和泉，对主要含水层组进行地下水动态监测。

5.1.5 地下水开发利用调查

(1)调查开采井的位置、深度、成井结构、数量、密度、出水量。

(2)调查统计地下水年开采总量和各含水层(组)的开采量。

(3)调查统计地下水利用状况(工业用水、农业用水、生态用水和生活用水量)。

(4)调查地下水开采历史,地下水开采量、水位、水质、水温的动态变化。

(5)调查地下水取水工程的类型与效率,调查地下暗河、坎儿井等地下水取水工程开发利用的水量及变化。

(6)调查与地下水有关的地表水开发利用历史和现状。

5.1.6 环境地质问题调查

5.1.6.1 区域地下水位变化(下降)调查

开展区域地下水位动态监测与调查,确定区域地下水位变化(下降)过程及幅度。并选择丰水期及枯水期分别开展不同类型地下水位统一调查,了解和确定区域地下水位时空分布、年际变幅、下降漏斗分布与变化。

5.1.6.2 地下水污染及土壤污染调查

调查地下水污染源类型与分布,有害组分与数量,地下水污染程度、范围、深度、方式与途径、危害程度等,预测发展趋势。耕作区要注意调查化肥、农药对地下水污染的影响及其防护措施;城市附近要注意调查工业废水与生活污水对地下水污染的影响及其防护措施;矿区附近要注意矿坑水对地下水的污染;盐碱矿开采区、油田开采地区要注意油井及盐碱矿井开采对地下水的污染。参照 DD 2008—01 执行。

土壤污染调查按照《土壤环境质量标准》(GB 15618—2008)有关规定执行。

5.1.6.3 生态地质环境问题调查

调查浅层地下水开发利用、含水层被疏干等水事活动引起的土地荒漠化、绿洲与湿地退化、植被死亡等生态地质环境问题的分布范围、影响与危害程度,预测发展趋势。

5.1.6.4 地方病调查

调查地方病类型、分布、患病程度,地方病与地下水环境的关系,防病改水情况等。

5.1.6.5 盐渍化及沼泽化调查

调查土地盐渍化及沼泽化的分布范围、演化历史、影响程度,分析其形成条件及与地下水的关系,预测发展趋势。

5.1.7 崩塌滑坡泥石流调查

5.1.7.1 崩塌(含危岩体)调查应包括以下内容:

(1)崩塌区地质条件。掌握崩塌区地形地貌、地层岩性、地质构造和水文地质特征,查明人为因素对崩塌变形破坏的作用和影响,了解崩塌变形发育史。

(2)崩塌体特征。查清崩塌产出位置的微地貌及岩体结构特征、崩塌过程及崩塌体特征、崩积体自身的稳定性,确定崩塌类型,分析崩塌体再次活动的可能性。

(3)潜在崩塌体(危岩体)特征。查明潜在崩塌体的岩性特征、结构特征(节理、裂隙发育状况)、空间范围、规模大小、临空面地形特征等,分析评价危岩体的稳定性、可能崩落形式和诱发因素、崩塌后可能造成的影响范围。

(4)崩塌危害及成灾情况。了解历史灾害情况和近期活动造成的人员伤亡与经济损失;了解崩塌灾害的勘查、监测、工程治理措施及效果,提出防治对策建议。

5.1.7.2　滑坡(含变形斜坡体)调查应包括以下内容:

(1)滑坡区地质条件。调查滑坡所处的地貌部位、地面坡度、相对高度、沟谷水系发育情况、岸坡侵蚀及植被发育状况,滑坡体周边地层岩性及地质构造、水文地质条件等。

(2)滑坡体特征。调查滑坡体形态和规模、边界特征、表部特征、滑面特征、内部结构,访问调查滑坡发生时间,发展特点及其变形形态、活动阶段,滑动方向、滑距及滑速,分析滑坡的滑动方式和力学机制及稳定状态。

(3)滑坡诱发因素。查明滑坡与地震、降雨、侵蚀、崩坡积物加载等自然动力因素的关系,分析植被破坏、边坡开挖、爆破震动、渠道渗漏、水库蓄水等人类活动对滑坡发生与发展的影响,对重大滑坡体稳定性进行初步评价。

(4)滑坡危害及成灾情况。了解历史灾害情况和近期活动造成的人员伤亡与经济损失、防治措施及效果。对今后滑坡活动可能的成灾范围及危害性进行预测分析,提出防治对策建议。

5.1.7.3　泥石流调查应包括以下内容:

(1)泥石流沟地质条件。查明泥石流沟流域形态特征和流域面积,确定泥石流形成区、流通区和堆积区的范围;了解流域内泥石流固体物质(含固体废弃物)的性状及分布情况;了解沟域地形地貌、气象水文、地质构造、地层岩性、地震活动、土地类型、植被覆盖程度等。

(2)泥石流特征。调查泥石流形成的水源类型、汇水条件、触发泥石流的初始水动力条件,确定泥石流的类型;调查泥石流形成区的山坡坡度、岩土体特征,滑坡、崩塌等不良地质现象的发育情况及可能形成泥石流的松散固体物质储量和分布状况;调查流通区的沟床纵横坡度、跌水、急弯等特征,沟床两侧山坡坡度、稳定程度,沟床的冲淤变化和泥石流的痕迹;调查堆积区的分布范围和堆积量、堆积扇表面形态及纵坡坡度、植被、沟道变迁和冲淤情况,堆积物的土体特征、堆积层次和厚度,判定堆积区的形成历史、堆积速度,估算一次最大堆积量;调查历次泥石流的发生时间、频数、形成过程、暴发前的降水情况。

(3)泥石流危害及成灾情况。了解泥石流的危害对象、危害形式和成灾情况,圈定泥石流可能危害的地区,并对其危害程度及趋势进行分析。

(4)泥石流防治措施及效果。了解泥石流的勘查、监测,工程治理措施、生物治理措施等防治现状及效果,提出防治对策建议。

5.1.7.4　崩塌滑坡泥石流调查具体要求执行 DZ/T 0261—2014,也可以参照附录 22 执行。

5.1.8　岩溶塌陷调查

5.1.8.1　岩溶塌陷发育条件。调查地貌形态的成因类型和形态组合类型及其特征、可溶岩地层岩性与结构构造及岩溶发育特征、第四系松散覆盖层成因类型与土层结构及其物理力学性质、水文地质条件及地表水系发育特征。

5.1.8.2　岩溶塌陷特征。查明岩溶塌陷的发育与分布特征,确定塌陷类型(土层塌陷或基岩塌陷)、发育强度与频度、塌陷所处阶段及现阶段稳定状态,了解岩溶塌陷的发育过程及伴生现象。

5.1.8.3 岩溶塌陷成因。查明岩溶塌陷的触发因素,了解上覆荷载、地震、暴雨或洪水等自然因素和抽排地下水、水库蓄水与渗漏、地面加载、震动等人为因素与岩溶塌陷的相关关系,确定岩溶塌陷的主要成因类型。

5.1.8.4 岩溶塌陷危害及成灾情况。了解岩溶塌陷对地面建筑与工程设施、农田和生态环境及各种资源开发的危害与影响;分析岩溶塌陷发展趋势,圈定塌陷危险区范围。

5.1.8.5 岩溶塌陷防治措施及效果。了解岩溶塌陷勘查、监测、工程治理现状及效果,提出防治对策建议。

5.1.8.6 岩溶塌陷调查精度、调查方法、工作量定额根据实际情况确定,规模大小分类见附录10。

5.1.9 地面沉降调查

调查地面沉降的分布范围、迹象、中心累计沉降量、沉降速率、危害程度等;调查已采取的地面沉降防治工程技术措施及效果等。

5.1.10 地面塌陷调查

调查因地下水开采引起的地面塌陷的分布范围、规模、危害程度和形成的地质、水文地质条件,预测发展趋势。

5.1.11 地裂缝调查

调查地裂缝的位置、分布、规模、危害程度和产生的地质、水文地质条件。

5.1.12 特殊类型地下水调查

调查高氟水、高砷水、高硬度水、咸水的分布特征、形成机制、开发利用情况等。

5.1.13 地下岩土体空间结构调查

5.1.13.1 调查各类地下空间开发利用状况,地下空间开拓工程类型、规模、设计与施工技术方法,地下工程规划的要求,基本查明地下自然洞穴的类型、规模及开发利用状况。

5.1.13.2 调查地下岩土体的空间分布特征,包括地层岩性及其组合结构、地质构造、隐伏活动断裂、特殊类土、古河道、软弱夹层等的空间展布特征。

5.1.13.3 调查地下岩土体的工程地质特征、粗卵砾石层空间分布及其稳定性、基岩的结构特征与稳定性等。

5.1.13.4 调查地下工程施工产生的环境地质问题及其对工程的危害和对环境的影响,以及采取的防治措施等,提出对策和建议。

5.1.14 岩体工程地质调查

岩体工程地质调查要在调查地层层序、地质时代、成因类型、岩性岩相特征及其接触关系的基础上,突出调查岩体工程地质特征。其中包括结构面的发育特点、软弱夹层的分布情况、易溶成分及有机物的相对含量、成岩程度及其坚实性、岩石风化程度及不同岩性的组合关系等,其中要特别注意对软弱岩层的调查研究。在测绘中一般采用回弹锤、点荷载等来测定岩石的强度指标。

5.1.15 土体工程地质调查

5.1.15.1 确定土的工程地质特征

通过野外观察和简易试验,鉴别土的颗粒组成、矿物成分、结构构造、密实程度和含水状态,并进行初步定名。要注意观测土层的厚度、空间分布,裂隙、空洞和层理发育情况,搜集已有的勘探和试验资料，选择典型地段和土层，进行物理力学性质试验。

5.1.15.2 确定沉积物的地质年代

运用生物地层学法、岩相分析法、地貌学法、历史考古法和绝对年龄测定法（如同位素、古地磁等）来确定第四纪沉积物的绝对年龄或相对新老关系。

5.1.15.3 确定土体的结构特征

通过野外观察和勘探，了解不同时代、不同成因类型和不同岩性的沉积物在剖面上的组合关系及空间分布特征，并按土体的结构特征分为以下三种基本类型，必要时还可细分：

（1）均一结构类型：由一种土层构成，其中夹层的单层厚度小于 1 m，累积厚度小于总厚度的 10%。

（2）双层结构类型：由同一成因类型的两种岩性（如阶地的二元结构）或两种时代或两种成因类型的土层所构成。

（3）多层结构类型：由同一成因类型中三种以上不同岩性的土层构成，或由不同时代、不同成因及不同岩性的土层所组成。

具体参照《工程地质调查规范》（DZ/T 0097—1994）。

5.1.16 地热、矿泉水资源调查

5.1.16.1 了解区域地热地质条件，热储层类型和分布，热水井、矿泉水井基本情况、开采量、用途和存在的问题。

5.1.16.2 调查温泉、矿泉、地热井出露条件、成因类型和补给来源、流量、水质、水温、动态变化、利用情况及存在问题。

5.1.16.3 圈定地热田或地热异常区范围，提出进一步勘查和利用建议。

具体参照《地热资源地质勘查规范》（GB/T 11615—2010）。

5.1.17 城市垃圾场调查

5.1.17.1 调查垃圾场分布现状，包括垃圾场的位置、数量、处置方式、占地情况等，调查场地与附近居民点、地表水体、供水水源、旅游景观、重要设施等的距离。

5.1.17.2 估算垃圾场渗滤液的产量。初步查明垃圾场渗滤液的主要污染成分、浓度及其对地下水、地表水和土壤的污染程度与范围。

5.1.17.3 调查已有垃圾场地质环境背景，包括场地地形地貌、地下水防护条件、水文地质特征等。

5.1.17.4 调查垃圾场的稳定性，包括自身稳定性及所在场地边坡稳定性、发生泥石流及拦蓄坝溃坝的可能性等。

5.1.17.5 调查垃圾填埋处置的适宜区域，包括场地地形地貌条件、地质稳定性、水文地质特征、地下水防护条件、城市规划、交通条件及可能对环境的影响等。

5.1.18 矿山固体废弃物调查

5.1.18.1 调查矿山固体废弃物产生量，基本查明矿山固体废弃物堆存数量及堆放现状，包括堆放场的位置、数量、处置方式等。

5.1.18.2 估算矿山固体废弃物堆放场渗滤液的产量，调查渗滤液的主要化学成分、浓度及其对地下水、地表水和土壤的污染程度与范围。

5.1.18.3 调查矿山固体废弃物占地情况,包括占地面积、所占的土地种类、对土地的破坏程度等。

5.1.18.4 调查并评价矿山固体废弃物堆放场自身的稳定性,包括所处地形地貌特征、场地稳定性条件、人为诱发失稳的可能性等。

5.1.18.5 评估矿山固体废弃物对环境的危害及占用和破坏的土地、造成的经济损失、可利用价值,提出整治措施建议。

5.1.19 特殊类土工程地质问题调查

调查中要特别注意调查淤泥、淤泥质黏性土、盐渍土、膨胀土、红黏土、湿陷性黄土、易液化的粉细砂层、新近沉积土、人工堆填土等的岩性、层位、厚度及埋藏分布条件、工程地质特征。重点调查特殊类土的分布、厚度及其变化特征、工程地质性质,评估其对工程建设的影响、危害,提出对策建议。

5.1.20 城市地质资源调查

5.1.20.1 地下水资源调查

(1)在1∶50 000水文地质调查基础上,进行应急或后备地下水源地调查,按照《水文地质调查规范(1∶50 000)》(DZ/T 0282—2015)要求进行地下水资源评价。

(2)调查应急或后备地下水源地所在区域的地形地貌、地质和水文地质条件、地下水资源潜力。

(3)调查应急或后备地下水源地范围内现有开采情况,泉的出露条件、动态及利用情况,提出进一步勘查和开发利用建议。

(4)对调查区矿产资源利用、固体废物资源利用、污水资源利用、降水资源利用情况,采用收集资料、补充调查方法进行初步评价。

5.1.20.2 地质景观资源调查

(1)查明地质景观基本类型,包括各类典型地质剖面、古生物景观、地质地貌景观、水体景观、地质灾害遗迹、重要地质工程景观、典型矿床及采矿遗迹景观等。

(2)分析评估地质景观价值,包括科学价值、美学价值、历史文化价值、稀有价值、自然完整性价值、开发利用价值。

(3)调查景观开发利用条件,包括自然环境和社会环境条件。

5.1.20.3 天然建筑材料资源调查

(1)调查包括石料、黏性土在内的各类天然建筑材料的产地、规模、分布、物质组分,以及产地的地形地貌、地质和水文地质条件、开采和运输条件。

(2)调查各类天然建筑材料质量、储量、开发利用现状及开采对地质环境的影响状况。

5.1.20.4 城市浅层地温能调查、土地资源调查、地下空间资源调查以收集已有资料,对现状进行评价为主。

5.2 不同类型区城市地质调查要求

不同类型区城市地质调查除执行5.1条规定的内容外,尚应执行本条要求。

5.2.1　平原地区

5.2.1.1　调查平原的成因类型,第四系松散堆积层厚度、地层层序、时代、岩性,包气带岩性、结构及阻污性能,含水层(组)的分布规律、埋藏条件、水动力场及不同含水层间的水力联系,水量、水化学场及水质、水温特征等动态变化。要进行第四系地层划分与对比,确定第四系底界位置。

5.2.1.2　调查下伏基岩的埋深、基岩面起伏形态,基岩地层时代、岩性,地质构造特征,基岩储水构造的类型、分布及供水水文地质条件。

5.2.1.3　山前冲洪积平原

(1)调查冲洪积扇分布范围及垂向、纵横方向岩性的变化规律,重点调查组成冲洪积扇的第四纪堆积物的来源、地层结构、岩性特征,扇顶部到前缘的岩性变化。

(2)调查山区与冲洪积平原的接触关系,重点调查山前构造带的类型、力学性质、规模、活动性和水理性质(导水、隔水、充水等),研究山前侧向径流补给。

(3)调查冲洪积扇不同部位含水层的岩性、厚度、埋藏深度、富水性,以及地下水的水动力条件和水质、水量、水温的变化规律。

(4)调查扇顶到前缘方向地下水由潜水区过渡到承压水区、自流水区的分带特征,调查地下水溢出带的分布范围、溢出泉流量及总溢出量。

(5)寻找埋藏型冲洪积扇,调查其埋藏条件、分布范围,研究其水文地质特征。

(6)调查山前河谷阶地的地层结构、岩性特征、厚度,研究河谷阶地地下水的补给、排泄条件,以及河水与地下水的补排关系。

(7)调查山区河流对冲洪积平原地下水的补给位置及补给量。

(8)调查冲洪积平原地下水的调蓄空间,确定有利的调蓄补给地段。

5.2.1.4　冲积平原

(1)调查冲积、湖积、冰水堆积等第四纪不同成因堆积物的形成时代、分布范围、埋藏条件、厚度、岩性特征以及接触关系。

(2)调查古河道的分布范围、埋藏深度、岩性特征及水文地质条件。区域性地表水系与地下水的补给关系,确定补给量。

(3)调查湖相地层分布区咸水的分布与埋藏条件,水化学成分在水平、垂直方向上的变化规律,咸、淡水界面位置(水平、垂向),咸水分布区淡水透镜体的分布规律、埋藏条件及形成条件。

(4)调查研究湖积层形成的古地理环境、埋藏深度、厚度、岩性特征等。

(5)划分含水层(组),调查不同含水层(组)的水文地质条件。

5.2.2　丘陵山地地区

5.2.2.1　沉积岩地区

(1)一般应着重查明含水层较稳定的自流水盆地和自流斜地。

(2)调查地层的产状、分布,软硬岩层组合情况,岩层与地形产状的关系,脆性岩层夹层的连续厚度、分布、裂隙发育特征及含水层与隔水层分布组合特征。

5.2.2.2　岩浆岩地区

(1)侵入岩类:风化带的分布、性状、厚度及影响因素,尤其是半风化带的厚度和分布规律;围岩接触蚀变带的类型和宽度,尤其是硅化、碳酸盐化蚀变带的破碎和裂隙发育程度及其水文地质特性。

(2)喷发岩类:喷发方式、各次喷发熔岩流之间接触带的性质、分布及其富水性,并注意研究凝灰质岩层的隔水性及裂隙性熔岩的富水性;各期台地的分布、高程、柱状节理和气孔发育程度等与地下水补给和赋存的关系;火山口周围玄武岩岩性、厚度与地下水水位、水质及富水性的变化,边缘地下水溢出带的分布。

5.2.2.3　变质岩地区

(1)注意对大理岩、板岩、片岩、片麻岩等的调查。

(2)薄层大理岩夹层的岩性、厚度、产状、稳定性和岩溶裂隙发育程度对富水性的影响,对厚层大理岩要注意下部岩溶发育程度与地下水的关系。

(3)片麻岩类的风化带性状、厚度、分布、汇水面积及富水性,调查沟谷中不同地貌部位的泉水动态。

5.2.2.4　第四系发育区

(1)山间河谷平原的阶地结构、各级阶地含水层的分布、厚度变化和富水性;河床、河漫滩和古河道的分布,地下水与地表水的补给排泄关系。

(2)山前冲洪积扇的形态、分布,含水层岩性、厚度及其变化,地下水埋藏深度,水化学分带、溢出带的分布,泉水流量和水质,新老冲洪积扇的相互叠置关系及含水层的分布规律。

(3)山间盆地的成因、分布范围、汇水面积,沉积物的成因类型、岩性,含水层的富水性和地下水的赋存条件。

(4)垄岗台地带第四系砂砾含水层的分布特点、岩性和富水性的变化规律,第三纪松散砂砾石含水层的分布和富水性,尤其要注意切割较深的沟谷和泉水可能出露的前缘地带的调查。

(5)挽近构造运动的性质和特征,近期地壳升降和断裂活动对第四纪沉积物的分布及水文地质条件的影响。

5.2.2.5　调查断裂构造的类型、规模、力学性质、活动性、胶结和充填程度,褶皱构造的类型、形态、规模和分布,不同构造的水理性质、地下水赋存条件和储水构造的分布。

5.2.2.6　调查区域构造裂隙的发育与不同地层、构造部位的关系,裂隙强发育带的产状及分布情况,裂隙发育程度、充填胶结情况、裂隙面形态、地下水活动的痕迹。

5.2.2.7　调查地质灾害发育的类型、形成条件、影响因素、危害对象、稳定性情况。

5.2.3　岩溶地区

5.2.3.1　岩溶地区按裸露型、半裸露型、覆盖型以及埋藏型等岩溶地层埋藏条件调查,调查各类地区的分布范围及分区界线。

5.2.3.2　岩溶地质条件调查

(1)调查断裂带的产状、性质、延伸情况、断层带宽度及其变化和充填物质等,研究断层带附近岩溶发育情况及其导水性和对岩溶水流运动的影响。

(2)调查主要褶皱、隆起与坳陷等的分布、性质及其相互间的连接变化情况,着重调查不同构造单元内岩溶发育的差异性及岩溶水流赋存与运动的不同特征。

(3)调查构造体系的性质与特征,研究不同构造体系对区域性岩溶发育和水文地质条件的影响;调查挽近构造运动的表现,研究地壳差异性升降运动对区域岩溶水的埋藏与运移的影响。

(4)进行裂隙力学性质、水理性质的调查统计。

5.2.3.3 岩溶地貌调查

(1)裸露、半裸露型地区的岩溶地貌调查,主要包括岩溶地貌形态、地层岩性与岩溶地貌的关系、地质作用和大地构造对岩溶地貌的影响以及岩溶洞穴探测。

(2)覆盖型和埋藏型地区岩溶地貌调查,除调查地表的地貌现象外,还需根据物探、钻探资料,分析上下岩溶形态、岩溶裂隙和管道特征以及岩溶发育程度的水平和垂直分布情况,查明各种埋藏的古地貌及其与古岩溶的关系。

5.2.3.4 岩溶发育规律调查

(1)调查区域岩溶作用的动力条件及溶蚀速度,区域岩溶发育强度与控制因素的关系,地表各种岩溶形态的特点及空间分布规律,地下岩溶管道(是否有地下河系)、裂隙和洞穴的类型、结构、空间形态特征及分布规律,蓄水构造、表层岩溶带的分布与发育特征,区域岩溶形态组合类型,岩溶发育与地下水分布的关系。

(2)调查分析新构造运动以来不同时期岩溶发育历史以及岩溶地貌的演化特征,深入研究区域岩溶发育的时空变化规律及岩溶地下水的变化特征。

5.2.3.5 岩溶水系统调查

(1)工作区内若分布岩溶流域边界,应调查岩溶流域的边界、结构,进行岩溶地下水系统划分。

(2)调查地下水和地表水的水力联系,地下河及岩溶泉的水位、流量、水质动态变化及其影响因素、地下水资源量。

(3)调查表层岩溶水的分布规律和水资源特征、蓄水构造的富水地段、岩溶水资源量及覆盖层情况。

5.2.3.6 岩溶水开发利用条件调查

(1)调查评价地下河的允许开采量。

(2)调查评价蓄水构造的允许开采量和钻井提水的工程地质条件。

(3)调查岩溶泉扩泉引水的环境地质条件。

(4)调查总结岩溶水开发利用和石漠化防治的实用技术与经验。

5.2.3.7 环境地质问题、地质灾害调查

调查岩溶塌陷、地下水污染、泉水疏干、岩溶洼地内涝、石漠化、岩溶工程地质等环境地质问题。

5.2.4 黄土地区

5.2.4.1 黄土丘陵区(梁峁区)

(1)调查梁峁形态、规模、高程变化,组成梁峁的黄土地层层序时代、岩性、厚度,与下伏非黄土地层或基岩的接触关系。要进行黄土第四系地层划分对比,实测黄土地层剖面。

(2)调查沟谷分布及形态,调查掌地、涧地的分布、规模、堆积物的厚度、岩性组成和汇水面积,通过民井和泉调查了解单井出水能力及地下水水质。

(3)调查黄土层地下水的埋藏条件、分布规律及其富水程度,下降泉出露的位置、地层、出露高程及其排泄状态。

(4)调查裸露和下伏基岩风化裂隙带地下水、沟谷冲洪积层潜水及基岩储水构造。

(5)调查地下水化学成分空间变化规律,着重调查咸水区淡水体的成因及其分布。

(6)调查大骨节病、高氟病、克山病、克汀病及甲状腺肿大等地方病的分布,探讨地方病与水环境关系。

5.2.4.2　黄土塬区

(1)调查台塬型黄土塬区的地貌形态,结合地质构造分析地貌的形成,研究构造地貌特征,分析基底构造轮廓和深部地下水的赋存条件;调查塬间洼地、塬尾洼地分布、地貌形态、地质结构,寻找浅部富水地段。

(2)调查组成塬体的第四纪地层层序、岩性、厚度,黄土的垂直节理、裂隙发育与贯通情况,黄土和古土壤层厚度及其组合特征,分析其对地下水分布、埋藏、富集条件的影响。

(3)调查黄土塬区地下水的埋藏条件与分布规律、地下水的补给和排泄条件、塬坡泉水出露特征及其排泄量。

(4)调查前第四纪地层、地质构造,基岩风化裂隙带地下水及储水构造。

(5)对界于山区与黄土塬之间的山前洪积扇裙,着重调查岩性、结构、分布范围、新老更迭关系、古沟道洪流部位,扇前洼地、扇间洼地、扇前古河道的分布等,研究岩相分带性,洪积扇与黄土塬、山区的接触关系及地表水的转化补给条件。

5.2.4.3　黄土河谷平原区

(1)调查第四纪地层的岩性岩相、地貌形态,特别要详细调查阶地类型,阶地结构及中、微地貌(洪积扇、冲出锥、阶面变化、河床特征与变迁、古河道分布等),河流水文特征,研究河谷形态与形成、发育历史及水文地质规律。

(2)调查河谷平原区的周边地质、地貌、水文地质条件,尤其要注意调查研究构造形迹的力学性质、展布规律、继承活动对盆地形成与发展的控制作用。

(3)调查土壤盐渍化程度、分布、特征、形成的水文地质条件。

(4)寻找适合集中开采的水源地,调查研究富水地段的水文地质条件。

(5)调查地下水、地表水污染状况和采取的防治措施。

5.2.4.4　环境地质问题、地质灾害调查

调查黄土崩塌、滑坡、泥石流、黄土陷穴、地下水污染、黄土工程地质等环境地质问题。

5.3　调查技术方法及要求

5.3.1　资料的收集与整理

5.3.1.1　资料收集与整理的目的

(1)有针对性地系统收集有关资料,掌握调查城市地质概况、研究程度和存在的环境地质问题,为设计编制提供依据。

(2)进行资料的二次开发利用,开展演变规律研究及评价,提高工作质量。

5.3.1.2　资料收集的内容与要求

(1)基础地质。

①地层、岩相古地理、地质构造资料,区域地质调查及地质研究成果;

②地貌图、地质图、地质构造图、岩相古地理图、综合地层柱状图、区域重力和航磁等值线图(或异常图)等资料;

③岩矿鉴定成果、岩土化学分析成果、古生物鉴定成果、地层测年成果等;

④控制性地质钻孔、矿产勘探钻孔资料。

(2)水文地质。

①区域水文地质调查成果、水源地勘查成果及有关水文地质研究成果;

②水文地质图、地下水资源图、水文地质区划及开发利用图、地下水水化学图、地下水等水位(水压)线与埋藏深度图;

③水文地质钻孔、供水管井、泉水资料及其他集水构筑物资料;

④地下水水质分析成果,水同位素测试成果;

⑤抽水试验、物探测井、地下水动态监测、地下水均衡试验资料。

(3)遥感与地球物理勘探。

遥感包括不同时期的航片与卫片及其解译成果、不同时期不同波段的遥感数据。地球物理勘探包括电法、磁法、电磁法、重力、地震、热红外、α 卡测量等物探方法所获得的地区地球物理参数及其解释成果资料。

(4)气象水文。

①气象资料包括工作区多年、年及月降水量、蒸发量、相对湿度及气温资料,年无霜期及冻结深度资料,不少于 10 年;

②水文资料包括水系分布、河川流域面积,年及月平均径流量、平均流量、水位、含沙量、水质,水库、湖泊的位置、面积、容积、水质,引地表水灌区的分布范围、引灌水量资料,不少于 10 年。

(5)环境地质与地质灾害。

①已有环境地质与地质灾害方面的成果资料;

②地表水污染引起的地下水质恶化,水库兴建、地表水不合理灌溉引起的地下水位上升、土壤盐渍化和沼泽化;

③地表水上游截流引起的地下水位下降、水资源衰减、植被受损、荒漠化,湖泊、湿地、大泉消亡等的现状及其发展趋势;

④工矿、建筑废渣、废气、生活垃圾、污水等不合理排放引起的地下水污染等。

(6)城市地质资源开发利用。

①城市地下水源开发利用现状(开采井的数量、分布、取水层位、开采量及用途、水资源供需矛盾、地下水开发与利用潜力等);

②城市地热资源开发利用状况;

③城市地质景观资源的开发利用情况;

④地下岩土体空间结构特征;

⑤天然建筑材料开发利用现状。

(7)城市地下空间开发利用。

(8)国民经济现状、城市发展规划及其对资源的需求。

(9)其他有关资料(矿产资源、固体废物资源利用、污水资源利用、降水资源利用等)。

5.3.2　遥感解译

5.3.2.1　遥感解译基本要求

(1)遥感信息源尽可能选用多种类型、多种时相的航天、航空遥感影像数据,二者宜结合使用。航天遥感数据以 ETM、SPOT－5 的 2.5 m 全色＋10 m 多光谱数据为首选。

(2)遥感解译工作应先于地面调查工作,并贯穿于项目的全过程。遥感解译工作程序:前期技术准备阶段→初步解译阶段→详细解译阶段→野外验证与同步解译阶段→再解译再认识阶段。

(3)野外检验应与地面调查紧密结合,一般采用路线控制和统计抽样检查的方式进行,包括解译判释标志检验、室内解译判释结果及外推结果的验证等。

(4)有条件时可根据影像信息,借助计算机技术判别降水入渗、蒸发和土壤湿度、地表植被覆盖类型,定量或半定量求取相关水文地质参数。

(5)对与城市环境地质问题研究有重要指示意义的特殊影像,应选定重点地段进行多时相遥感资料的动态解译分析。

(6)遥感(RS)解译应与卫星定位系统(GPS)、地理信息系统(GIS)联合使用,编制影像地图,实现城市地质信息可视化。

5.3.2.2　根据主要环境地质问题,有针对性地开展多时相遥感调查。应使用最新遥感数据,精度以能准确查明环境地质问题或地质灾害为准。遥感解译的范围应适当大于工作区范围。

5.3.2.3　遥感解译工作方法参照执行《区域环境地质勘查遥感技术规程(1∶50 000)》(DZ/T 0190—2015)及《区域地质调查中遥感技术规定(1∶50 000)》(DZ/T 0151—2015)。

5.3.2.4　解译内容

(1)解译城市地区黄土湿陷、水土流失、土地沙漠化、石漠化、土地盐渍化、土地沼泽化、崩塌、滑坡、泥石流、岩溶塌陷、地裂缝、水土污染、放射性异常等环境地质问题与地质灾害的分布、规模、形态特征、危害以及发展趋势。

(2)解译各种水文地质现象(包括泉点、泉域、地下水溢出带),圈定河床、湖泊泥沙淤积地段,古河道分布位置以及洪水淹没区域等。

(3)解译绿地分布、植被覆盖、湿地等生态环境状况及其演变状况。

(4)解译各类地质资源(建筑材料、地质景观、水资源)、城市功能布局、道路交通网络、土地利用类型及垃圾处置场地、污水处理设施等的分布,分析其与地质环境的关系。

(5)解译人类工程经济活动引起的地质环境的变化,如“三废”排放造成的水土环境污染状况、各类环境污染源的分布状况等。

(6)对有重要意义的环境地质问题,可搜集具有代表性的 2～3 个以上不同时期遥感图像,进行解译对比分析,研究发展变化趋势。

5.3.2.5　资料与成果

(1)地质构造解译图;

(2)地貌解译图;

(3)土地利用解译图;
(4)水文地质要素解译图;
(5)环境地质及地质灾害解译图;
(6)解译报告及其他专门性成果。

5.3.3 地面调查

5.3.3.1 路线的布置及调查点的密度,以查明环境地质问题与地质灾害发育分布特征和满足编图为原则。对重要地段可布置适量的钻探、坑(槽)探、井探、物探等勘查工作,提供典型剖面资料。

5.3.3.2 地下水污染调查应根据污染源分布状况,以易受污染的潜水含水层为主,兼顾承压含水层;以水源地为重点,区域上适当控制。地下水污染调查采样密度,根据城市规模、污染源分布状况、含水层系统确定。

5.3.3.3 现有大型垃圾场原则上每个场地均应采集垃圾渗滤液样品,地表水及土壤样品的采集点布设,以能查明调查对象的污染程度和范围为原则,可根据场地位置、地形、坡度等具体情况而布设。地下水采样点的布设应充分考虑地下水流向、污染物可能的弥散宽度和迁移距离。

5.3.3.4 对工作区内已有的地热井、温泉应逐一调查,调查内容参照《地热资源地质勘查规范》(GB/T 11615—2010)执行。

5.3.3.5 对现有地下水源地、应急或后备地下水源地开采工程进行逐项核查。

5.3.3.6 建筑材料资源的调查,应以1:10 000~1:25 000地质岩性图、第四纪地质图为依据,进行适量的地质测绘工作。

5.3.3.7 地下水位统调:在丰水期和枯水期分别进行一次水位统一调查工作,为了解地下水的水位埋深、流向等动态特征,不同含水层系统的控制点应满足编图要求,要求在同一时段调查完毕。统调点要求采用GPS定位或参照1:25 000地形图利用地形地物目视测量准确定位。野外应认真填写统调水位记录表,记录井位、坐标、地面标高、地下水位埋深、天气状况等。

5.3.3.8 统调点野外采用GPS定位,现场利用地形图查出地面标高,根据井台高度,计算测点标高。每次测量结果应当场核查,发现反常及时补测,保证统调资料真实、准确、完整、可靠。填制水位统调原始记录表。

5.3.3.9 进行地下水统调前通过路线调查与访问,确定合适的统调井点,并充分利用已有长期观测孔,调查收集与统调井有关的水文地质基础资料,填写地下水统调井野外记录表,内容包括统一编号、野外编号、位置坐标、井结构、地层岩性柱状图、建井日期、开采情况等。

5.3.3.10 1:25 000环境地质调查应在相同或更大比例尺地质测绘基础上进行,在未进行地质测绘地区应同时进行地质和环境地质测绘。重点区应进行1:10 000环境地质测绘。

5.3.3.11 野外工作底图采用1:10 000比例尺的最新地形图,重点工作区应采用1:10 000比例尺地形图。

5.3.3.12 技术要求

(1)基本工作方法是以控制环境地质问题、地质灾害为重点的路线穿越法与界线追索法相结合,避免均匀布线、布点。

(2)环境地质测绘的观测点宜布置在下列地点:

①原生和次生环境地质问题发育处;

②地貌分界线和自然地质现象发育处;

③井(地热井)、泉、钻孔、矿井、地表坍陷、岩溶水点(如暗河出入口、落水洞、地下湖等)、地表水体和重要水利工程等处;

④垃圾场、矿山及其固体废弃物堆放处;

⑤与城市发展建设有关的其他重要显示处。

(3)采用数码摄影、摄像、素描图等手段,记录崩塌、滑坡、泥石流、地面塌陷、地裂缝等现象。

(4)采用数码摄影、摄像、素描图等手段,记录地质、地貌、水文地质等现象。

(5)水的温度、pH 值、电导率、Eh 值、溶解氧等应在现场实测。

(6)精度要求:

①按 1:25 000 环境地质调查数据库建库要求采集数据。

②控制性观测点和重要地质、地貌、水文地质体位置应采用仪器实测或精确的 GPS 定位,一般性点可采用手持 GPS 定位。

③宽度大于 100 m 或面积大于 0.1 km^2的地质体、长度大于 250 m 的线状地质体、宽度大于 50 m 和长度大于 250 m 的断裂与褶皱构造均应正确表示于图上。对于具有水文地质、环境地质特殊意义的地质体,即使小于前述规定亦应表示于图上。地质、水文地质界线的标绘误差不得大于 50 m。

④重要的地质、地貌、水文地质现象界线上,均应有观测点控制,沿途做连续观察、详细记录,一般应有路线小结和路线地质剖面,并采集必要的样品。

(7)对平原区、黄土区、丘陵山地区、岩溶地区等,应抓住每个地区特点,分别按照相应的技术要求进行地面调查工作。

5.3.3.13 工作程序

(1)准备工作:收集资料,选备 1:25 000 地形地理(地质)底图,现场踏勘,熟悉测绘区自然地理、地貌、地质及水文地质、工程地质、环境地质概况,并在测区或邻近区选择露头良好、地层出露完全、构造简单、地貌单元完整的地段,实测地质地貌剖面,掌握已建立的地层层序、时代,确定填图单位;针对测区水工环地质条件、研究程度及存在问题并结合遥感初步解译成果,规划测绘路线。

(2)野外调查:对天然露头和人工露头进行观察、访问和研究,采集样品,在露头稀少的覆盖区,宜适当布置探井、探槽、洛阳铲孔等轻型山地工程或地面物探工作。现场填好各类调查表,每条线路野外工作结束后编写工作小结。

(3)资料整理和阶段性工作总结:外业工作期间应对野外获取的野外记录与手图、摄影、摄像资料,采取的岩土样、水样或标本及时进行整理。编制各类野外调查成果的草图,特别要注意全面、准确地编制好实际材料图。野外调查工作全面结束后编写工作总结。

5.3.3.14 资料与成果

(1)各类野外调查记录本、卡片、表格等;

(2)野外工作手图、实际材料图、各类野外调查成果草图、剖面图等;

(3)岩土样、水样采集、送样单及测试分析报告;

(4)野外现场试验资料;

(5)照片、各类影像资料等;

(6)各类资料、成果汇总表;

(7)工作总结、野外质量检查记录等。

5.3.4　地球物理勘探

5.3.4.1　地球物理勘探,简称物探。物探工作的布置应根据调查对象的环境地质条件和主要环境地质问题的需要而定,重点布置在地面调查难以判断而又需要解决的地段、钻探试验地段以及钻探困难或仅需初步探测的地段。物探工作一般要求布置在应急或后备水源地地区,其他地区可以根据要解决的地质问题适当考虑布置。

5.3.4.2　物探主要用于探测地层结构、隐伏地质构造、断裂破碎带的空间分布,地质灾害体的空间分布,覆盖层厚度、隐伏古河道、基岩埋藏深度及基岩面起伏形态、岩溶与土洞分布等,含水层埋藏深度和厚度,圈定富水地段和咸淡水分布范围等。

5.3.4.3　物探应配合钻探划分地层,对水文地质勘探孔宜进行水文测井工作,为取得有关参数提供依据。

5.3.4.4　对物探实测资料,应结合地质、水文地质、工程地质条件进行综合分析,提出相应的物探成果。

5.3.4.5　针对不同目的采用适当的物探工作方法,参考表1。

表1　地球物理勘探方法

调查对象	地球物理勘探方法
地层结构	电阻率测深、音频大地电磁测深、地震法
覆盖层厚度	高密度电阻率、电阻率测深法
基岩埋藏深度及基岩面起伏形态	电阻率测深、音频大地电磁测深、地震法
含水层埋藏深度及厚度	电阻率测深、音频大地电磁测深、核磁共振找水法
隐伏地质构造、断裂破碎带的空间分布	电阻率剖面、音频大地电磁测深、地震法
隐伏古河道	电阻率测深、电阻率剖面法
地质灾害体的空间分布	高密度电阻率、探地雷达、层析成像法
岩溶与土洞分布	瞬变电磁、浅层高分辨率地震法
圈定富水地段及咸淡水分布范围	电阻率测深、电磁测深、核磁共振方法

5.3.4.6　水文测井

1.基本要求

(1)配合钻探取样划分地层,评价水文地质条件,为取得有关参数提供依据。

(2)测井一般在裸孔中进行,应采用多种测井方法进行对比或补充。

2.测井方法选择

水文地质调查中使用的主要测井方法有电阻率测井法、放射性测井法、参数测井法、井下电视等,见附录6。根据具体水文地质条件及要解决的主要问题优选。

5.3.5　钻探

5.3.5.1　钻孔应在野外调查和物探工作的基础上进行布置。布置的钻孔尽可能做到一孔多用。

5.3.5.2　钻探主要用于调查地层结构与岩性特征,划分空间岩土体工程地质特征、水文地质特征,利用钻孔进行观测、水文地质试验、标准贯入试验、波速测试和采样等,获取水文地质和岩土体物理力学参数等;用于调查重要环境地质问题及其规模大小、灾情(或危害)重大及其以上的地质灾害。

5.3.5.3　水文地质钻孔控制深度一般要求揭露具有供水意义的主要含水层(组)或含水构造带,设计孔深应考虑抽水试验和取得计算参数的要求,主要控制浅层、中深层地下水,其他含水层以收集水文地质孔解决。水文地质孔一般要求布置在可能成为应急或后备水源地的富水地段。

5.3.5.4　工程地质钻孔控制深度应满足规划期城市工程建设和评价地下空间开发需要,控制性钻孔以100 m为宜。工程地质钻孔一般要求布置在研究程度较低的地区,如城市规划区、产业集聚区,建成区可适当布置。

5.3.5.5　未进行浅层地温能勘查评价的地区应布置一定的地下水换热孔和地埋管换热孔,地埋管换热孔布置在城市区;勘查孔布置及施工技术要求参照《浅层地热能勘查评价规范》(DZ/T 0225—2009)及《地源热泵系统工程技术规范》(GB 50366—2009)执行。

5.3.5.6　地质钻孔布置、孔径选择、钻进工艺、岩芯采取率参照相关标准或规范执行。

5.3.5.7　对应急或后备水源地范围内布置的水文地质勘探孔进行抽水试验时,观测孔的选择和非稳定流抽水试验的技术要求,应遵照《供水水文地质勘察规范》(GB 50027—2001)执行。

5.3.5.8　滑坡、崩塌、泥石流等地质灾害钻探技术要求参照《滑坡崩塌泥石流灾害调查规范(1∶50 000)》(DZ/T 0261—2014)执行。

5.3.6　水文地质试验

5.3.6.1　抽水试验

1. 抽水试验的任务

(1)确定各含水层的富水性或出水能力;

(2)确定含水层的水文地质参数,如渗透系数(K)、导水系数(T)、导压系数(a)、给水度(μ)等;

(3)判断地下水运动性质,了解地下水与地表水以及不同含水层之间的水力联系;

(4)判断地下水系统的边界性质及位置。

2. 抽水试验基本要求

(1)抽水试验以带观测孔的非稳定流抽水和单孔稳定流抽水试验为主。

(2)抽水试验孔一般宜采用完整井型。

(3)抽水试验一般宜利用机民井或天然水点作观测点;当需布置专门的抽水试验观测孔时,观测孔布置应根据水文地质条件和要解决的水文地质问题确定。

(4)对工作区水文地质条件具有控制意义的不同含水层(组)的典型地段,应有抽水试验工作控制。

(5)一般抽水试验不必做复杂的大规模的群孔抽水,以单孔抽水多孔观测为主。

(6)工作区有多个强含水层时,应布置少数的分层抽水试验。

(7)在抽水试验前、中、后采取水样,确定抽水对水质变化的影响。

3. 抽水试验类型

抽水试验以带观测孔的非稳定流抽水为主、稳定流抽水为辅。

4. 抽水试验稳定延续时间和稳定标准

(1)按稳定流公式计算参数时,一般进行2~3次水位降深,其中最大降深值应视抽水设备能力确定。每次水位降深、降深与涌水量需保持相对稳定8~24 h。

抽水试验水位下降稳定标准:

稳定时间内,主孔水位波动值不超过水位降低值的3~5 cm,观测孔水位波动值不超过2~3 cm。

主孔涌水量波动值不能超过平均流量的3%。

(2)按非稳定流公式计算参数时,非稳定状态延续至$s-\lg t$曲线呈直线延展时,其水平投影在$\lg t$轴的数值(单位为分或秒)不少于两个对数周期。抽水孔涌水量应基本保持常量,波动值不超过正常流量的3%,当涌水量很小时,可适当放宽。

5. 抽水试验原始资料与成果

(1)填写抽水试验观测记录表,现场应绘制流量、水位、水温等历时曲线。

(2)现场应绘制$s-\lg t$、$\lg s-\lg t$曲线,有多个观测孔时,还应绘制$s-\lg r$曲线。

(3)抽水试验结束后,应对所有观测资料进行检查、校核,绘制各种关系曲线图,计算水文地质参数,编制抽水试验综合成果表,编写抽水试验工作小结。

(4)采用抽水孔抽水资料计算水文地质参数时,应消除井损的影响。

抽水试验的技术要求按《供水水文地质勘察规范》(GB 50027—2001)执行。

5.3.6.2　试坑渗水试验

1. 试坑渗水试验的目的和任务

试坑渗水试验是野外测定包气带非饱和岩层渗透系数的简易方法。

2. 试坑渗水试验的方法

最常采用的是试坑法、单环法和双环法。

3. 试坑渗水试验的资料成果

(1)试坑平面位置图;

(2)水文地质剖面图与试验安装示意图;

(3)渗透速度历时曲线;

(4)渗透系数的计算;

(5)原始记录表格等。

试坑渗水试验具体要求参照水文地质手册相关内容。

5.3.7　回灌试验与现场热响应试验

回灌试验水文地质孔、现场热响应试验在地埋管换热孔中进行。具体要求参照《浅层地热能勘查评价规范》(DZ/T 0225—2009)及《地源热泵系统工程技术规范》(GB

50366—2009)执行。

5.3.8　野外原位测试

岩土工程原位测试在各工程地质单元中具代表性的地段和工程建设需要的地区进行。

5.3.8.1　静力触探

(1)静力触探适用于黏性土及砂类土。

(2)静力触探的一般要求:探头的型号和规格,应根据土质条件和使用经验确定。探头在使用前须进行率定,贯入速率采用 0.8 ~1.2 m/d。

(3)通过试验查明土的均匀性和分层,确定地基土的强度和变形参数。

5.3.8.2　动力触探

(1)动力触探适用于粉土、砂类土、松散的细粒卵砾类土及素填土。

(2)动力触探的类型,可按需要选择:

①轻型动力触探:适用于深度小于 4 m 的黏性土;

②中型动力触探:一般适用于黏性土;

③重型(1)动力触探(标准贯入):适用于黏性土、砂类土;

④重型(2)动力触探:适用于砂类土及卵砾类土。

(3)通过试验得出的锤击数,可判别砂类土的密实程度或黏性土的状态,估算地基承载力,判别饱和砂类土、亚砂土、粉土震动液化的可能性等。

5.3.8.3　旁(横)压试验

(1)旁压试验用以测定土层水平方向的强度和变形特征,适用于一般黏性土和粉细砂层。

(2)宜采用钻式旁压仪,试验点间距一般 1 ~2 m。试验加荷等级约为比例界限值的 1/5,一般为 10 ~25 kPa。

(3)试验结果可以提供土层的承载力、旁压模量。

5.3.8.4　十字板剪力试验

(1)十字板剪力试验主要用于饱和软黏性土层。

(2)宜采用电测十字板剪力仪。试验点间距一般 1.0 ~1.5 m,在软弱夹层中应有试验点。

(3)试验结果可提供土的抗剪强度(C_u)、残余抗剪强度(C_u')及灵敏度(S_t)。

5.3.8.5　弹性波速试验

(1)为获得岩土体的动力性质参数而进行弹性波速试验。

(2)一般采用跨孔法,孔距 4 ~10 m(纵横波波速测试)或 4 ~50 m(纵波波速测试),孔内测点间距 0.5 ~5 m,孔斜误差每 100 m 应小于 1°。

(3)测试结果可提供各岩土体的纵横波波速(v_p、v_s)、动泊松比(μ_a)、动剪切模量(G_a)、动弹性模量(E_a)等。

5.3.8.6　点荷载试验

(1)点荷载试验用于测定不经修整的岩芯或稍加修整的不规则岩样。

(2)点荷载试验可在工程地质测绘和勘探中进行,每个工程地质单元按其均匀性测定10～20个样。

(3)通过试验可估算单轴抗压强度和抗拉强度，也可作为岩石强度分类的指标之一，并能得出岩石的各向异性情况。

5.3.8.7　载荷试验

调查工作中一般不进行载荷试验，仅在有特殊意义的地点，才进行载荷试验，以收集资料为主。

5.3.8.8　渗透性测试

(1)在拟建水工建筑区，尤其是水库工程的可能渗漏地段和坝址区，应在钻孔中自上而下进行分段压水(或注水)试验，以了解岩石的透水性和裂隙性。

(2)在规划的建筑区中，尤其是地下建筑和开采工程区，应选择主要含水层进行少量抽水试验。

5.3.8.9　波速测试

波速测试在控制性工程地质孔中进行。

1.测试前的准备工作

(1)测孔应垂直。

(2)将三分量检波器固定在孔内预定深度处并紧贴孔壁。

(3)采用地面激振或孔内激振。

(4)当剪切波振源采用锤击上压重物的木板时，木板的长向中垂线应对准测试孔中心，孔口与木板的距离宜为1～3 m；板上所压重物宜大于400 kg，木板与地面应紧密接触。

(5)当压缩波振源采用锤击金属板时，金属板距孔口的距离宜为1～3 m。

2.技术要求

(1)测试时，应根据工程情况及地质分层，每隔1～3 m布置一个测点，并宜自下而上按预定深度进行测试。结合土层布置测点，层位变化处加密，并自下而上逐点测试。

(2)剪切波测试时，传感器应设置在测试孔内预定深度处固定，沿木板纵轴方向分别打击其两端，可记录极性相反的两组剪切波波形。

(3)压缩波测试时，可锤击金属板，当激振能量不足时，可采用落锤或爆炸产生压缩波。

测试工作结束后，应选择部分测点作重复观测，其数量不应少于测点总数的10%。

3.设备测定

要求仪器性能良好。工程钻孔施工要严格按照钻探规范操作，场地平整，计时触发检波器宜埋于木板中心位置。接通电源，在地面检查测试仪器正常后，方能进行试验。把三分量检波器放入孔内预定测试点的深度，然后在地面用打气筒充气，胶囊膨胀使三分量检波器紧贴孔壁。

用木锤或铁锤水平激振一端，地表产生的剪切波经地层传播，由孔内的三分量检波器的水平检波器接收SH波(水平面内横波分量)信号，该信号经电缆送入地震仪放大记录，要求地震仪获得三次清晰的记录波形。然后反向敲击木板，同样应获得三次清晰波形，否则重新操作。随后用重锤敲击放在地表的钢板，由孔内三分表的垂直检波器记录P型波，同样获得三次清晰的P型波。存盘无误后，该钻孔某深度的测点才能结束。

胶囊放气,把孔内三分量检波器转移到下一个深度进行测试。整个孔测试结束后,检查野外测试资料是否完整,并测定孔内水位埋深。

5.3.9　室内试验

岩土的工程地质性质试验,按照《岩土工程勘察规范(2009 年版)》(GB 50021—2001)执行。

5.3.9.1　岩样

(1)物理力学试验的一般项目有颗粒密度、岩石密度、含水率、吸水率(包括饱和吸水率和饱和系数)、干和湿极限抗压强度、软化系数、抗剪强度、变形模量和泊松比等;

(2)碳酸盐岩等可溶岩应作化学分析,测定 CaO、MgO、SiO_2 和 R_2O_3等含量;

(3)软质岩石应测化学成分和胀缩指标;

(4)建筑石料应测抗拉和抗冻性指标;

(5)调查设计书中要求测试的其他项目。

5.3.9.2　土样

(1)物理力学试验一般应取得粒度成分、土粒密度、天然密度、天然含水率和饱和度、压缩系数、变形模量、抗剪强度、渗透系数等指标;

(2)黏土应增测塑性指标(塑限、液限,计算塑性指数、液性指数和含水比)、无侧限抗压强度和灵敏度;

(3)砂土增测最大干密度和最小干密度、颗粒不均匀系数、相对密度等,并判别液化的可能性;

(4)黄土增测相对湿陷系数、相对湿陷量和湿陷起始压力等;

(5)冻土增测起始冻胀含水率、相对含水率、融沉系数、冻胀力及冻结力、冻胀率、冻胀量等;

(6)胀缩土增测胀缩性指标和判别性指标;

(7)作增筑土用的土料,需补做击实试验,求出最优含水率和最大干密度;

(8)设计书中要求测试的其他项目。

5.3.9.3　热物性参数测试

参照《浅层地热能勘查评价规范》(DZ/T 0225—2009)及《地源热泵系统工程技术规范》(GB 50366—2009)执行。

5.3.10　水文地球化学调查与水土采样测试

5.3.10.1　目的与任务

(1)采样与测定地下水和地表水的物理性质、化学成分、毒理指标、细菌指标、放射性指标,为水质评价提供依据;

(2)划分地下水化学类型,研究区域水文地球化学特征及其垂向和水平分带规律,研究地下水成因;

(3)查明地下水污染成分和含量、污染范围、污染源、污染途径及污染发展趋势,评价污染程度和危害情况,为制定保护地下水资源的策略提供依据;

(4)进行岩土鉴定与定名,为划分岩、土类型,开展岩相古地理与地下水赋存条件研究提供基础资料;

(5)进行岩土化学成分分析,研究岩土化学成分对地下水化学成分的影响;

(6)测定岩土物理性质、力学性质、水理性质参数,为研究地下水形成条件、计算地下水资源量以及评价有关环境地质问题提供水文地质参数;

(7)进行古地磁、微体古生物等研究,为地层划分对比提供依据;

(8)测定地下水的年龄;

(9)研究大气降水、地表水、地下水的转化关系,研究地下水的补给、径流、排泄条件,研究地下水的形成、演化规律。

5.3.10.2 采样范围与要求

(1)水文地质观测点(机井、民井、泉及地表水体)应采集简分析水样,其中20% ~ 50%的代表性水点应采集全分析水样和同位素样。

(2)集中供水水源地的代表性水源井应采集全分析水样和同位素样。

(3)抽水试验孔(井)应分层或分段采集全分析水样和同位素样。

(4)地下水动态监测点初次观测时应采集全分析水样和同位素样,观测期内应定期采集简分析水样。

(5)钻孔中的黏性土、黄土含水层,可采取原状土样。采取含水层顶(或底)板隔水层原状土样。

(6)第四系地层厚度大、研究程度低的地区,选择代表性钻孔和典型地层剖面,系统采集微体化石、古地磁、热释光、^{14}C等样品,进行第四系地层划分与对比研究。

5.3.10.3 水土采样测试分析

1.水样采集

水样采集与送检要求参照《水质水样样品的保存和管理技术规定》(HJ 493—2009)执行。

(1)生活饮用水分析指标(38项):总大肠菌群、菌落总数、砷、镉、铬(六价)、铅、汞、硒、氰化物、氟化物、硝酸盐(以氮计)、三氯甲烷、四氯化碳、溴酸盐、甲醛、亚氯酸盐、氯酸盐、色度、浑浊度、臭和味、肉眼可见物、pH值、铝、铁、锰、铜、锌、氯化物、硫酸盐、溶解性总固体、总硬度(以碳酸钙计)、耗氧量、挥发性酚类(以苯酚计)、阴离子合成洗涤剂、钾离子、钠离子、钙离子和镁离子。

(2)水污染分析指标(40项):pH值、电导率、溶解氧、Eh值、浊度、溶解性总固体、总硬度、高锰酸盐指数、偏硅酸、硝酸盐、亚硝酸盐、铵根离子、硫酸根、碳酸根、重碳酸根、氯离子、氟离子、碘离子、钠、钾、钙、镁、铁、锰、铅、锌、镉、六价铬、汞、砷、硒、铝、挥发酚、氰化物、阴离子合成洗涤剂、总磷、溴、铜、总大肠菌群和细菌总数。

(3)土壤污染样分析指标(18项):CEC、pH值、镉、汞、砷、铜、铅、铬、锌、镍、六六六、DDT、氰化物、氮化物、氟化物、苯及其衍生物、三氯乙醛、3,4-苯并芘。

(4)地下水同位素测试(以收集调查区已有资料为主)。

①放射性分析:镭(^{226}Ra)分析,总α和总β放射性分析。

②同位素分析:氢、氧稳定同位素分析,氚分析,溶解无机碳稳定同位素分析,^{14}C年龄分析,^{36}Cl年龄分析, CFC分析,SF_6分析。

2. 岩土测试

1)土样的鉴定、测试和化学分析

(1)钻孔岩芯颗粒分析。

(2)对钻孔中的黏性土、黄土含水层,进行薄片鉴定和孔隙(裂隙)率测定。

(3)实验室测定含水层原状土样孔隙度、有效孔隙度、重力给水度和渗透系数等。

(4)实验室测定含水层顶(或底)板隔水层原状土样垂向渗透系数。

(5)在水质异常区或地方病区,分析可溶盐含量、全氟和水溶氟等含量。

(6)进行新生代地层鉴定和年龄测试。

2)岩石试验及化学分析

(1)对砂岩、碳酸盐岩、玄武岩等含水层,在钻孔中采取代表性样品,进行薄片鉴定;在实验室测定岩石的有效孔隙度、重力给水度、渗透系数(或渗透率)等参数。

(2)在岩溶地区对各类碳酸盐岩采取代表性样品,进行化学分析,分析项目有 Ca^{2+}、Mg^{2+}、$Na^{+}+K^{+}$、SO_4^{2-}、Cl^{-}、CO_3^{2-}、NO_3^{-}、R_2O_3、SiO_2、S 等。

(3)为研究岩相古地理和解决地层划分对比,需进行的样品采集和鉴定、分析等要求,应在专题研究设计中规定。

5.3.11　地下水动态监测与统调

5.3.11.1　地下水动态监测点布置原则

(1)遵循点、线、面结合,浅、中、深结合,上、中、下游结合,地下水、地表水兼顾的原则;

(2)控制性地下水监测点按剖面布置,区域性地下水监测点均匀布置;

(3)重要井、泉、地下水水源地、地下水水位降落漏斗区、地下水污染区的地下水监测点重点布置;

(4)地下水统调点布置要求能控制不同含水层系统的地下水流场,以便圈定地下水等水位(水头)线图。

5.3.11.2　地下水监测点部署密度

(1)监测点密度应与区域水文地质复杂程度、地下水开采利用程度以及地下水环境问题突出程度相适应;

(2)主要含水层或开采层的监测点部署密度按每平方千米 0.1~1 个考虑;

(3)非主要含水层或非主要开采层监测点部署密度根据具体情况适当控制;

(4)控制性长测点数量不宜低于监测点总数的 20%。

5.3.11.3　地下水监测井(泉)点布置要求

(1)必须具备地层、岩性、含水层位、地下水类型、钻井结构等基础水文地质资料和孔口保护设施,保持在监测时期内连续观测;

(2)作为水质监测的点,应该是常年使用的生产井或泉。

5.3.11.4　地下水动态监测持续时间

一般不少于一个水文年,以查明地下水流动年内变化规律,在地下水动态监测期间,应系统掌握有关气象和水文资料。

5.3.11.5 地下水动态监测项目与要求

(1)水位监测:同一地区应统一监测时间,宜每5天监测1次,逢1、6、11、16、21、26日进行监测。在地下水丰、枯水期应进行地下水位统调。

(2)水温监测:一般要求选择控制性监测点,与地下水位监测同时进行。

(3)涌水量监测:对于地下水天然露头及自流井,可逐旬进行监测,雨季应加密监测,每年对生产井开采量应进行系统调查和测量。

(4)水质监测:一般在丰水期和枯水期各取一次水样,进行常规水质分析,在地下水污染地区增加污染组分分析。为查明咸水和淡水分界面,宜每月取氯离子水样。

5.3.11.6 地下水动态监测资料整理

(1)地下水动态监测各项实际资料,必须及时整理,认真审查;

(2)应编制地下水动态监测年报,地下水位、水温、水质动态单项历时曲线及综合历时曲线,必要时,应绘制地下水动态与开采量、气象、水文等关系曲线图。

5.3.11.7 地下水位统一调查。选择丰水期及枯水期分别开展不同类型地下水位统一调查,了解与确定区域地下水位时空分布、年际变幅、区域地下水位下降漏斗分布与变化。

6 综合评价

6.1 地下水资源与环境评价

地下水资源与环境评价在单幅图调查的基础上,以地下水系统为单元进行统一评价。方法参考《水文地质调查规范(1:50 000)》(DZ/T 0282—2015)。

6.1.1 地下水资源数量评价

6.1.1.1 地下水资源数量评价原则

(1)地下水资源数量评价必须与生态环境相结合,特别是在评价地下水开采资源时,应以生态环境要素为约束条件;

(2)1:25 000区域水文地质调查地下水资源量原则上采用数值模拟与均衡法相结合的方法进行评价;

(3)地下水资源数量评价的水质分级以矿化度为标准,统一规定为矿化度<1 g/L、1~3 g/L、3~5 g/L、>5 g/L四个等级;

(4)评价工作充分体现"动态"的观点,着重分析研究30年来,地下水系统补给、径流、排泄条件的变化及其对地下水天然补给资源的影响;

(5)地下水资源量要分配到各级行政单元中,原则上以最小计算块段所属范围分配。若一个计算块段跨越两个或两个以上的行政单元,则以计算块段中的资源模数、面积并结合当地水文地质条件进行分配。

6.1.1.2 地下水资源数量评价基本要求

1. 地下水天然补给资源量评价

(1)要求计算多年平均地下水天然补给资源量。大气降水量系列要求延长到评价工作年份,计算30年系列降水量的均值及其相应的降水入渗补给量。

(2)地下水天然补给资源量计算采用补给量法,同时计算排泄量,用水均衡方法进行校核。

(3)应采用本次调查的最新资料及数据进行计算,除降水量要延长系列外,其他相关数据,如开采量、河川径流量、渠道引水量、灌溉面积、灌溉定额、地下水位埋深等都必须采用2005年以后的新资料。地下水矿化度分级、勘查孔及试验资料也要利用近年的新资料。

(4)对于一些研究程度比较高、资料比较丰富、资料系列比较长、建立过模型的地区,可以参考模拟计算所建立的地下水均衡式和分项补给量,并根据近30年地下水补给、径流、排泄条件的变化,对补给项作适当的修正。

(5)水文地质条件变化及水文地质参数修正。以动态的观点分析研究各级地下水系统在自然和人为因素影响下引起的地下水补给、径流、排泄条件的改变。在此基础上,对相应的水文地质参数进行修改和补充,利用修改后的水文地质参数来评价地下水各个补给项和排泄项。

2. 地下水开采资源评价

1)考虑因素

地下水开采资源评价中主要考虑的环境与社会经济制约因素如下:

(1)主要考虑区域水位下降、湿地萎缩、地面沉降、塌陷、地裂缝和土壤盐渍化、水质恶化与地下水开采的相互制约关系。

(2)以地下水生态水位埋深作为潜水(或浅层地下水)开采的主要约束条件。总结以往某些典型地区研究成果,建议如下:

①防治土壤盐渍化区,地下水生态水位埋深约束为大于或等于2~2.5 m;

②防治土地沙化草甸分布区,地下水生态水位埋深约束为小于或等于3~4 m;

③防治土地沙化乔、灌木分布区,地下水生态水位埋深约束条件为小于或等于8 m。

(3)对地下水原本埋藏较深或近年来地下水位不断下降的地区,地下水开采的约束条件为水位不再继续下降,并在技术上要保持新的地区性水位动态平衡。

(4)开采方式与取水建筑物布局对地下水开采资源量的影响。我国地下水开采以分散开采利用为主(占开采量的90%),对地下水开采资源量的评价,不能忽视地下水这种分散开采利用的特点和供水能力。

(5)技术和社会经济约束因素。

按照《地下水资源分类分级标准》(GB 15218),尚难开采的类型,通过技术进步是可以开采的。如埋藏较深的地下水、水质较差的地下水等。

(6)地下水水质对地下水开采利用的影响因素。应考虑水质的组成,尤其是可造成供水安全和环境影响的水质问题。

2)地下水开采资源评价方法

A. 重点地区地下水开采资源量计算方法

在有代表性的重点地区,可用近十年以上资料系列,考虑环境因素约束,采用地下水水流数值模型计算开采资源量。地下水开采资源量计算方法参照《供水水文地质勘察规范》(GB 50027)执行。

B. 一般地区地下水开采资源量计算方法

(1)开采资源量;

(2)在富水地段,在以往已经完成的选定开采方案下,通过模型计算开采资源量;

(3)有长期地下水动态观测资料地区,利用 $Q-S$ 观测资料建立一元一次方程组和二元一次方程组,确定不同水位降深(S)下的地下水开采资源量;

(4)开采和观测历史较长的地区,采用地下水位变幅稳定时段的开采量作为开采资源量;

(5)研究程度较差地区,用现状开采量加上规划水源地开采资源量近似计算;

(6)用代表性地区取得的开采系数,类比用到相似地区计算开采资源量。

3)深层承压水可采储量评价

(1)评价要包括勘查(钻探、物探)深度内揭露的所有深层淡水承压含水层。

(2)研究程度高、具有非稳定流抽水试验资料的地区,要求对各个深层承压含水层的容积储存量、侧向补给量、弹性释放量、弱透水层被压缩释放量、越流量逐项分别计算。

(3)对于研究和开采程度都比较高,并具有较长时间观测资料地区,要求建立模型计算深层承压水可采储量。

(4)对于缺乏非稳定流抽水试验资料地区,可利用钻孔单位涌水量,采用平均布井法计算深层承压水可采储量。

(5)评价要考虑环境约束,一般以每年地面沉降量和总地面沉降量作为水头允许下降的约束条件。由于水文地质条件差异,确定统一的地面沉降标准不科学,原则上要求各地根据实际情况确定。

6.1.2　地下水资源质量评价

6.1.2.1　评价原则

(1)在系统总结已往资料和成果的基础上,充分利用1∶25 000调查工作取得的地下水检测试验数据,对地下水质量现状作出客观的评价;

(2)要紧密配合地下水资源数量的评价工作,确保工作目标、评价对象以及结论和决策意见的一致性;

(3)重视人类活动对地下水质量影响作用;

(4)在评价中要重视和遵守各种水质评价标准及评价方法。

6.1.2.2　评价标准

评价标准按照《地下水质量标准》(GB/T 14848)执行,详见该标准地下水质量分类。

6.1.2.3　评价方法

1. 单项参数评价方法

单项参数评价按标准分类指标划分为5类,不同类别标准值相同时,从优不从劣。

例:挥发性酚类Ⅰ、Ⅱ类标准值均为0.001 mg/L,若水质分析结果为0.001 mg/L,应定为Ⅰ类,不定为Ⅱ类。

2. 多项综合参数评价方法

采用加附注的评分法。参加评分的项目不少于以下规定的监测项目:pH值、氨氮、硝酸盐、亚硝酸盐、挥发性酚类、氰化物、砷、汞、铬(六价)、总硬度、铅、氟、镉、铁、锰、总溶解性固体、高锰酸盐指数、硫酸盐、氯化物、大肠菌群,以及反映研究区主要水质问题的其他项目,不包括细菌学指标。评价步骤如下:

(1)首先进行各单项组分评价,划分组分所属质量类别;

(2)对各类别按规定分别确定单项组分评价分值 F_i(见 GB/T 14848);

(3)计算综合评价分值 F(见 GB/T 14848);

(4)根据 F 值,按地下水质量分级表划分地下水质量级别,再将细菌学指标评价类别注在级别定名之后。

6.1.3 与地下水相关的环境地质评价

6.1.3.1 评价基本原则

(1)要充分收集评价区已有的相关资料,注重具体环境地质问题长系列的监测资料收集;

(2)与地下水有关的环境地质评价要包括现状评价和趋势预测评价两部分,按照地区水资源开发利用规划,分别预测不同地下水开发方案下环境地质问题的发展趋势;

(3)环境地质问题预测评价的方法可根据工作区的研究程度和监测资料的积累程度确定,要求尽量选取定量和半定量的评价方法,以提高预测评价的可靠性。

6.1.3.2 评价内容

与地下水相关的环境地质评价主要包括地面沉降评价和预测、岩溶塌陷评价和预测、土壤盐渍化评价和预测、区域地下水降落漏斗评价和预测、地下水污染评价。

6.1.3.3 地面沉降评价

1. 地面沉降现状评价

1)主要评价指标

主要评价指标包括累计沉降量(mm)、沉降面积(km^2)和沉降速率(mm/a)。

2)评价方法

根据地面沉降的调查资料和监测成果,计算地面沉降区的累计沉降量和沉降速率,进行地面沉降灾变等级划分和地面沉降危险性分区评价。

3)评价结果

地面沉降灾变等级主要依据地面沉降面积、累计沉降量进行划分。划分时应参考附录9。分区的临界值仅作为参考,评价时可根据各地实际情况进行合理调整。附录9表中两个指标联合进行分级,有冲突时按照从重原则确定。

2. 地面沉降趋势预测评价

1)主要评价分析指标

(1)沉降指标:历史和现状沉降范围、沉降幅度、沉降速率等;

(2)地质背景指标:松散沉积层类型、厚度、物理力学指标(密度、孔隙比、含水量、压缩系数、压缩模量);

(3)地下水指标:主要开采含水层及其顶部弱透水层的岩性组成、厚度、孔隙水压力、地下水开采强度、超采率、水位降落漏斗、水位下降速率等。

2）预测评价方法

根据研究程度，常用的评价方法有以下三种，实际工作中可视沉降监测资料的积累程度等情况具体确定。

A. 演变（成因）历史分析法

开采地下水引起的地面沉降，利用长系列的实际监测资料，可通过统计方法建立开采量 Q（或含水层水位 h）与地面沉降量 s（mm）、地面沉降速率与地下水位动态之间的数学关系，在此基础上，进行地面沉降发展趋势评价和预测。

B. 工程地质类比法

把已有的地面沉降区的研究（或评价）经验、成果直接应用到地质、水文地质、工程地质条件及影响（因素）与之相似的新的研究区。

C. 地面沉降数学模拟方法

应用地面沉降数学模型（一般是拟三维地下水流模型和垂直一维地层压缩模型的耦合模型）进行模拟。对尚未产生地面沉降的地区，应预测地下水位在一定降深条件下的地面总沉降量及沉降历时曲线；对已产生地面沉降的地区，预测成果应提出预测区域内，各预测方案的历年地面沉降量等值线图、相应的地下水位等值线图、重点地段沉降量历时曲线图等。

6.1.3.4　岩溶塌陷评价

1. 岩溶塌陷现状评价

1）岩溶塌陷的成因、类型、形成条件分析

分析各种影响因素与岩溶塌陷形成和发生之间的因果关系，界定主要影响因子，在此基础上，分析工作区岩溶塌陷的成因、类型、形成条件。

2）岩溶塌陷等级划分

主要根据塌陷现状调查的成果，依据塌陷面积进行等级划分。划分时应参考附录10。附录10表中等级临界值可根据工作区具体情况进行适当调整。

2. 岩溶塌陷预测评价

1）预测评价内容

（1）主要影响因子影响趋势分析；

（2）潜在塌陷危险性评价；

（3）社会经济易损性评价；

（4）岩溶塌陷防治措施。

2）预测评价方法

A. 塌陷因素的统计预测

通过一系列塌陷与相关影响因素的统计分析图表，找出各种影响因素与塌陷发生频率、规模的相关程度，对区域进行类比评价或根据影响因素的变化趋势来评价区域的稳定性。

B. 经验公式预测方法

建立影响因素量的变化与塌陷形成的经验公式，对具体区域进行预测。如建立水位降深与塌陷的关系式、降深半径与塌陷的经验公式等。

C. 定量与定性结合的预测方法

根据区域水文地质条件、岩溶发育程度以及盖层土体特征等，对区域进行定性预测分区，然后选取影响塌陷的主要因素，应用数学地质方法进行定量计算，最后综合定性和定量分析结果，进行塌陷预测分区。

D. 地理信息系统(GIS)与岩溶塌陷危险性评价模型耦合预测法

这种方法用以实现岩溶塌陷预测定量评价。主要用模糊综合预测法和 GIS 空间分析工具，对不同权重的各影响因素进行模糊多目标决策来进行危险性分区。

6.1.3.5 土壤盐渍化

1. 土壤盐渍化现状评价

1) 盐渍化的成因、类型、形成条件

分析各种影响因素与土壤盐渍化形成和发生之间的因果关系，确定主要影响因子，在此基础上，分析工作区土壤盐渍化的成因、类型、形成条件。

2) 土壤盐渍化等级划分

主要根据盐渍化现状调查成果，依据土壤含盐量和盐渍化土地所占面积比(%)进行划分。划分时应参考附录 11。

2. 土壤盐渍化预测评价

1) 预测评价内容

(1) 主要影响因子影响趋势分析；

(2) 土壤盐渍化发展趋势预测；

(3) 土壤盐渍化潜在危险度评价；

(4) 盐渍化的防治措施。

2) 土壤盐渍化预测评价方法

A. 盐分平衡计算

根据土壤盐分的变化情况，进行盐渍化程度的趋势分析。盐分平衡计算可利用下列盐分平衡方程式

$$S = S_e - S_b = S_g - S_d + S_i - S_v + S_p + S_f$$

式中 S——平衡层中，盐分贮量的变化；

S_b——平衡开始期盐分总贮量；

S_e——平衡末期盐分总贮量；

S_g——由地下水补给加入的盐分；

S_d——由排水及地下水携走的盐分；

S_i——随灌溉水加入的盐分；

S_v——随收获物带走的盐分；

S_p——随降水加入的盐分；

S_f——随肥料进入的盐分。

B. 地理信息系统(GIS)与人工神经网络模型耦合预测法

把 GIS 系统和通过应用 BP 算法建立各种环境变量与土壤积盐量关系的人工神经网络模型结合起来，进行土壤盐渍化预测和评价。

C. 数学模拟方法

根据实际情况，建立土壤水盐分运动的数学模型，利用模型进行预测评价。

6.1.3.6 区域地下水降落漏斗评价

1. 地下水降落漏斗现状评价

评价现状条件下地下水降落漏斗的分布范围、漏斗面积和水位下降幅度，编制地下水降落漏斗分布图和地下水变化幅度图。

2. 地下水降落漏斗发展趋势预测评价

1）历史相关分析法

根据降落漏斗区长系列的监测资料，利用统计分析方法建立地下水降落漏斗与主要影响因子之间的数学关系；在预测未来条件下主要影响因子变化趋势的基础上，用建立的数学关系进行预测和评价。

2）数值模拟法

主要利用地下水流模型，通过数值法模拟预测未来不同开采方案下降落漏斗的发展趋势和区域地下水流场的演变特征。此方法适用于研究程度较高的地区。

6.1.3.7 地下水污染评价

地下水污染调查与评价参照 DD 2008—01、GB/T 14848、GB 5749 执行，注意收集环保、水利、农业等部门近 3 ~5 年的资料，水样点要有代表性，控制点分布合理。

6.2 地下水开发利用与保护区划

地下水开发利用与保护区划以地下水系统为单元进行统一评价。

6.2.1 地下水可更新能力评价

6.2.1.1 评价指标

1. 更新速率

年平均地下水补给水体积占含水层中平均储存水体积的比例

$$R_{renewal} = Q / V_m$$

2. 平均滞留时间

假设含水层中水的体积恒定，滞留时间为含水层总水体积与地下水系统补给体积之比。

$$t_w = V_m / Q$$

式中 Q——系统中水的体积流量；

V_m——系统中流动水的总体积。

对于一维流系统（如活塞流），有

$$t_w = x / v_w$$

式中 x——径流路径长度；

v_w——平均水流速度，v_w与达西速度（v_f）不同，二者的关系为：$v_w = v_f / n_e$，n_e为有效孔隙度。

3. 补给强度

单位时间进入单位面积含水层的水量。

4. 指标之间关系

上述三指标之间关系为

$$R_{renewal} = \frac{1}{t_w}$$

对于厚度恒定的潜水含水层

$$R = \frac{Hn_e}{t_w} = Hn_e R_{renewal}$$

对于理想的承压含水层

$$R = \frac{Hn_e(x + x^*)}{t_w x} = Hn_e R_{renewal} \frac{x + x^*}{x}$$

式中　R——补给强度,mm/a;

$R_{renewal}$——更新速率(%);

H——含水层厚度,m;

n_e——含水层有效孔隙度;

t_w——地下水平均滞留时间(年龄),a;

x——含水层剖面补给区部分(非承压)长度,m;

x^*——含水层剖面承压部分长度,m。

6.2.1.2　评价方法

1. 平均滞留时间估算方法

1)达西定律法

利用达西定律可以直接求出地下水年龄(t_w)

$$t_w = x/v_w = n_e x/v_f = n_e x/(KJ)$$

式中　K——渗透系数;

J——水力梯度。

在实际应用中,由于参数K的估计存在较大不确定性,因此往往采用示踪剂来测定地下水年龄(t_w),二者相互校核。

2)示踪剂法

采用示踪剂法测定地下水年龄通常采用的是集中参数模型。对于稳定流系统,示踪剂输入、输出浓度及地下水年龄之间的关系通常用卷积公式表示。

2. 补给强度估算方法

补给强度估算方法须针对不同方法的适用条件和研究区特征选择,见附录12。

3. 地下水更新性评价

根据滞留时间或更新速率来定性评价含水层更新性,其分级标准见附录13。

6.2.2　含水层防污性能评价

参照附录21进行评价。

6.2.3 地下水调蓄功能评价

6.2.3.1 充分考虑地下调蓄库容、受水能力、给水能力和地表汇水调蓄条件,进行综合评价。

6.2.3.2 根据给水度(μ_Z),将地下水库给水能力划分为Ⅰ、Ⅱ、Ⅲ三个级别。

Ⅰ级:综合给水度$\mu_Z \geq 0.10$,为粗砂级值,给水能力强;

Ⅱ级:综合给水度$0.06 \leq \mu_Z < 0.10$,介于细砂、粗砂级之间,给水能力中等;

Ⅲ级:综合给水度$\mu_Z < 0.06$,为细砂级以下值,给水能力相对较弱。

6.2.3.3 把设定为不同等级的地下调蓄库容、受水能力、给水能力和地表汇水调蓄条件进行地下水调蓄功能评价。

6.2.4 城镇后备和应急水源地评价

6.2.4.1 城镇后备水源地评价基本要求

1.地下水水量计算与评价

1)地下水水量计算与评价的基本要求

参照《供水水文地质勘察规范》(GB 50027—2001)执行。

(1)一般要求分别计算地下水的补给量和可开采量。在补给量难以计算的地区,可计算排泄量;在储存量较大、岩溶地区、开采深层地下水地区,应计算储存量;在宜建地下调蓄水库的地区,还应计算地下调蓄水库容量。

(2)凡具备水均衡计算条件的地区,均应进行地下水均衡计算,并进行典型年均衡分析。

(3)应根据需水量和地区水文地质条件,选择两种以上的方法进行地下水水量计算,经过分析对比得出比较符合实际的结论。

(4)水文地质参数计算要精确可靠,分析水文地质参数受人为开采影响变化的原因。

2)地下水水量计算方法

A.天然补给量计算方法

(1)地下水流入量使用断面法按线性渗透定律分段计算;

(2)大气降水入渗量一般可选用降水入渗系数法计算;

(3)地表水入渗补给量中,河渠入渗补给量可根据河渠的上下游断面的流量差或有关河渠渗漏公式计算,其他地表水入渗量可选用均衡法计算;

(4)含水层越流补给量,根据开采含水层水位同上、下相邻的含水层水位差,按线性渗透定律公式计算;

(5)地下水天然补给量可按以上各项补给量之和计算,也可以用地下水排泄量与储存量的变化量之代数和计算。

B.人工补给量计算

灌溉水入渗补给量选用灌溉回归系数法计算,也可根据灌入量减去排放量、蒸发量及其他消耗量计算;其他人工补给量根据补给方式,选择相应的计算方法。

C.开采条件下补给量的计算

(1)地下水流入量应采用稳定开采降落漏斗的水力坡度计算;

(2)越流补给量、地表水和降水入渗量及人工补给量,根据开采含水层设计水位降深

计算;

(3)利用各单项补给量之和计算总补给量时,应对各单项补给量进行具体分析,以避免在数量上有重复的项目相加。

D. 地下水储存量的计算方法

地下水储存量应分别计算容积储存量和弹性储存量。容积储存量计算深度应与设计开采动水位深度一致,弹性储存量计算深度应与承压含水层顶板深度一致。

E. 地下水可开采量的计算方法

地下水可开采量应根据经济技术水平,结合开采方案和设施,在环境地质预测的基础上计算。各类型水源地不同勘查阶段的可开采量计算方法宜参照附录17。

2. 地下水水质评价

(1)生活用水必须从人体健康需要出发,按《生活饮用水卫生标准》(GB 5749—2006)结合环境水文地质条件,分区、分组(或段)进行评价。

(2)工业用水水质评价应按生产或设计单位提出的水质要求,结合各个工业系统现行水质标准进行评价。

6.2.4.2 城镇应急水源地评价基本要求

1. 地下水水量计算基本要求

参照《供水水文地质勘察规范》(GB 50027—2001)执行。

(1)水文地质参数计算要求 、地下水水量计算方法可参照后备水源地评价方法;

(2)应急水源地可根据水文地质条件与应急级别,部分或全部动用储存量。

2. 城镇应急地下水源地评价

1)应急水量评价要求

(1)确定应急等级及应急用水的性质。

(2)确定应急的区域、范围、涉及的人数。

(3)根据《城市给水工程规划规范》(GB 50282—98)相关用水规定的用水量指标值,即可确定应急水量。

2)应急水源地水质评价

(1)生活饮用水水质应符合现行国家标准《生活饮用水卫生标准》(GB 5749—2006)的规定。

(2)城市应急地下水源地统一供给的生活饮用水供水水质,应符合生活饮用水水质一级指标值。城市应急地下水源地统一供给的其他用水水质应符合相应的水质标准。

6.2.5 供水安全论证

供水安全论证基本要求如下。

6.2.5.1 地下水污染、劣质水分布现状评价

圈定存在地下水污染、劣质水分布区域,进行地下水资源开发利用现状、污染源类型及分布、污染途径、污染物状况以及劣质水开发利用状况及其分布评价。

6.2.5.2 地下水资源供需分析

存在地下水污染、劣质水分布的区域,进行水资源供需状况分析,阐明地下水资源在区域供水安全中的重要地位。

6.2.5.3　城市供水安全现状

论证城市水资源开发利用中存在的重大问题，阐明人类社会活动及自然因素变化所带来的区域供水安全问题，详述区域供水安全及保障体系现状，指出现状城市供水日常和应急状况下安全及保障体系中存在的问题。

6.2.5.4　城市供水安全保障与应急体系

以城市供水安全现状评价为基础，建立区域供水安全保障与应急体系，要突出政府部门职能，以督促符合区域供水安全规律的法律、法规、规章制度等一系列政策的制定和实施。

6.2.6　地下水水源地保护区划分

6.2.6.1　基本要求

(1)地下水水源地保护区分三级：一级保护区、二级保护区、三级保护区。

(2)一级保护区范围应不小于卫生防护区的范围，以水质点迁移100 d的距离为半径所圈定的范围为一级保护区。

(3)二级保护区为地下水水源地集水区扣除一级保护区后的剩余部分，即水源地开采水位降落漏斗范围。

(4)三级保护区范围为水源地所处整个水文地质条件单元扣除一、二级保护区范围，即地下水的补给、径流区范围，本技术要求不对计算进行具体要求。

6.2.6.2　一级保护区范围的确定

1.计算法

1)孔隙水水源地

充分利用水文地质资料，特别是含水层的水文地质特征、地下水流向、补给等因素来确定保护区的范围。一级保护区范围计算公式为

$$R = \alpha \times K \times I \times T$$

式中　R——一级保护区半径，m；

α——安全系数(为了稳妥起见，在理论计算的基础上加上一定量(经常取50%)，以防未来用水量的增加以及干旱期影响半径的扩大)；

K——含水层渗透系数，m/d；

I——漏斗范围内水力坡度；

T——污染物水平运移时间，取100 d。

2)裂隙水水源地

裂隙水水源地一级保护区半径通常取300 m，也可以根据孔隙水公式计算。

3)岩溶水水源地

在岩溶地区，由于岩层渗透性、地下水流速的不可预测性极大，保护范围的确定较困难，此时将整个集水区均视为一级保护区。

2.经验法

以固定的半径圈定一级保护区范围，对于多井水源地，按外包线确定一级保护区范围。孔隙水水源地一级保护区的范围推荐值见附录18，岩溶区半径相应适当加大。应根据具体水文地质条件，确定其保护区形状。

6.2.6.3　二级保护区范围的确定

1. 实测法

对于开采规模稳定、开采时间较长的水源地,应根据地下水动态监测资料,分析研究地下水水位降落漏斗的形态与范围,划定二级保护区。

2. 计算法

1)浅层孔隙水非傍河型水源地

计算公式为

$$R = 10S_{w}\sqrt{KH_{0}}$$

式中　R——二级保护区半径,m;

S_{w}——开采井最大允许降深,m;

K——含水层渗透系数,m/d;

H_{0}——含水层厚度,m。

2)浅层孔隙水傍河型水源地

二级保护区包括陆域和水域两部分,陆域范围确定方法与孔隙水(浅层非傍河型)水源地相同。

地表水域范围可按地下水流向取井群上游 1 000 m 内、下游 100 m 内的河流长度,宽度为河流宽度。

3)岩溶水、裂隙水水源地

对于岩溶、裂隙承压水潜水,应根据具体情况确定二级保护区范围;对于岩溶、裂隙承压水,可不设二级保护区。

3. 经验方法

根据经验推测水源地影响范围,划定二级保护区。一般孔隙水水源地二级保护区范围推荐影响半径为 500 ~ 1 500 m,含水层颗粒越粗,水源地开采影响范围越大,见附录19。岩溶裂隙水地区,应根据实际情况具体确定。

6.2.7　地下水开发利用区划

6.2.7.1　地下水开采程度

地下水开采程度一般用地下水开采系数反映,表达式为

$$开采系数 = \frac{地下水开采量}{可开采资源量}$$

地下水开采程度用开采系数(K_{c})表示,即开采量与可开采资源量之比。按开采系数,地下水开采程度可划分为 5 个等级,见附录 20。

6.2.7.2　地下水开发利用区划步骤

(1)地下水开采量调查;

(2)地下水资源评价;

(3)地下水开采程度分析;

(4)地下水开发利用区划。

一般开采系数 <0.6,为可采区;开采系数 0.6 ~ 1,为限采区;开采系数 >1,为禁采区。

6.3 地质环境评价

6.3.1 土壤污染评价

根据土壤污染调查结果评价其污染现状，分析预测其发展趋势，并提出防治建议。

6.3.1.1 评价因子

根据具体环境地质条件，选择能充分反映土壤污染的特征污染物，主要包括镉、汞、砷、铜、铅、铬、锌、镍、六六六、DDT、氰化物、氮化物、氟化物、苯及其衍生物、三氯乙醛、3,4－苯并芘等，以及反映当地土壤污染状况的其他指标。

6.3.1.2 评价标准

对于包含于《土壤环境质量标准》（GB 15618—2008）中的因子，采用该标准进行评价，原则上采用二类土壤标准值，具体的取值标准应视研究区土壤中 CEC 和 pH 值高低而定；对于土壤酸化严重地区、居民饮用水集中地区和深层土壤背景值较低的地区，可考虑采用一类土壤标准值。其他因子采用深层土壤背景值作为评价标准。

6.3.1.3 评价方法

根据实际情况，从富集指数法、地质累积指数法、尼梅罗综合指数法、模糊综合评价法中选取合适的方法进行评价。

6.3.2 地质灾害危险性评价

地质灾害危险性是指发生地质灾害且造成人员伤亡、经济损失的可能性大小。城市地质灾害危险性评价应在地质灾害易发性与地质灾害社会经济易损性分析、评定基础上进行。

6.3.2.1 城市地质灾害易发性评价

首先根据崩塌、滑坡、泥石流、岩溶塌陷、地裂缝、地面沉降等灾种的分布状况、致灾条件、影响因素，选定主要影响因子为评价因子，采用积分值法求取各单元中各灾种的易发性指数，进行灾种的易发程度评价，或者选用模糊综合评价方法进行各灾种的易发性程度分级；然后选用综合指数法求取各评价单元的所有地质灾害的易发性综合指数；最后按照各单元地质灾害综合指数大小进行地质灾害易发性分区，一般分为高易发区、中易发区、低易发区、不易发区。

6.3.2.2 城市地质灾害社会经济易损性评价

城市地质灾害社会经济易损性评价包括现有地质灾害已经产生的社会经济易损性评价和潜在地质灾害社会经济易损性评价两部分。在分别评估生命损失、经济损失、社会损失、资源与环境损失的基础上，采用积分值法计算地质灾害的易损性综合指数，然后根据易损性综合指数进行分区，一般分为高易损区、中易损区、低易损区、不易损区。

6.3.2.3 地质灾害危险性评价

将各评价单元的地质灾害易发性和社会经济易损性评价结果进行综合，求取单元的地质灾害危险性指数，然后依据地质灾害危险性指数进行地质灾害危险性等级划分和分区，一般分为地质灾害危险性大、地质灾害危险性中等、地质灾害危险性小。在进行具体的易发性、易损性和危险性等评价时，所考虑的影响因素及其权重、赋予的指标值（分值）

和等级,应根据具体城市的地质环境条件等来确定,也可选用其他综合评价方法进行评价(如按照 DZ/T 0286—2015 进行)。

6.3.3　特殊类土评价

根据湿陷性黄土、淤泥、淤泥质黏性土、盐渍土、膨胀土、红黏土、易液化的粉细砂层、新近沉积土、人工堆填土等特殊类土对城市工程建设的危害,有针对性地开展评价工作,评价方法参照国家和行业有关技术标准执行。

6.3.4　城市垃圾填埋场调查评价、矿山固体废弃物的环境效应评价

6.3.4.1　垃圾处置场适宜性评价。

(1)现有垃圾场地的地质环境影响评价。根据对垃圾处置场及其附近土壤、地下水、地表水体的现场调查及水土样品测试结果,参照《地下水质量标准》(GB/T 14848)、《生活饮用水卫生标准》(GB 5749—2006)和有关土壤污染评价标准及方法,对已有垃圾场对地质环境的影响进行评价。

(2)现有垃圾场地的地质环境适宜性评价。以垃圾场对水土环境的污染评价结果为基础,综合分析场地的地质稳定性、地层防护条件、水文地质特征,用层次分析法等方法评价其适宜性,评估问题场地的危害性和损失,提出防治措施或对策。

(3)拟选垃圾填埋区适宜性评价,以《生活垃圾填埋场污染控制标准》(GB 16889—2008)、《生活垃圾卫生填埋技术规范》(CJJ 17—2004)和城市生活垃圾卫生填埋处理工程项目建设标准等为依据,采用层次分析法等方法,综合分析拟选区域环境地质、水文地质、地表环境条件,结合城市发展规划、交通运输条件等,进行拟选填埋场适宜性评价,黄土地区参照附录 24 执行,岩溶地区、丘陵山区、平原区可根据其实际情况参照执行。

6.3.4.2　根据调查结果,评价矿山固体废弃物对土壤、地表水、地下水的污染及对土地的破坏情况,进行矿山固体废弃物的环境效应评价。

6.3.5　地质资源评价

6.3.5.1　水资源保证程度和应急或后备地下水源地论证

1. 水资源保证程度论证

以城市规划、用水的合理性以及地表水、地下水可利用资源量为基础,按照工业用水、农业用水、生活用水、生态用水的现状和将来的需求情况,进行供需平衡分析,论证现状年及规划水平年水资源保证程度。

2. 应急(或后备)地下水源地论证

在调查研究水文地质条件和地下水开采现状的基础上,进行应急(或后备)地下水源地论证,按照《供水水文地质勘察规范》(GB 50027—2001)初步评价地下水补给量、储存量、应急开采量或允许开采量,按照 GB /T 14848 评价地下水质量,对地下水源地的开采方式、开采规模、开采的经济技术条件、环境保护等方面进行论证,提出进一步勘查建议方案。

6.3.5.2　地热、矿泉水资源评价

在充分收集地热资料前人成果及地热地质调查的基础上,参照《地热资源地质勘查规范》(GB/T 11615—2010)进行地热资源的估算和评价,对有开发前景的地热田(异常)进行论证,主要包括:分析地热田(异常)地球物理特征、评价地热流体质量、估算和评价

地热资源、提出进一步勘查和开发利用建议方案。

6.3.5.3　地质景观资源评价

1. 价值分析

1) 科学价值

分为三级：

(1) 在地学和生态学等方面具有极高的科学价值；

(2) 在地学和生态学等方面具有较高的科学价值；

(3) 在地学和生态学等方面具有一般科学价值。

2) 美学价值

分为三级：

(1) 具有极高的美学价值；

(2) 具有较高的美学价值；

(3) 具有一般美学价值。

3) 稀有价值

分为三级：

(1) 属世界上唯一或极特殊的遗迹；

(2) 属世界上少有或国内唯一的遗迹；

(3) 属国内少有的遗迹。

4) 自然完整价值

分为四级：

(1) 保持自然状态，未受人为改变；

(2) 基本保持自然状态，极少受到人为改变；

(3) 受到一定程度人为改变，但影响程度很低，易于恢复原有面貌；

(4) 受到比较明显的人为改变，但经人工整理后仍有较大保护价值。

2. 环境条件前景分析

1) 环境优美性

(1) 周边环境的原始自然状态保存极好，配套景观十分丰富，综合景观极为协调。

(2) 周边环境的自然状态保存较好，配套景观较丰富，综合景观协调。

(3) 周边环境受到一定程度的人为影响和改变，但影响程度低，配套景观少。

(4) 周边环境受较明显的人为影响和改变，但通过治理，尚能恢复。

2) 观赏的通达性和安全性

(1) 通达及观赏视野极好，地质环境十分稳定，无地质灾害的影响。

(2) 通达及观赏视野好，地质环境较稳定，有轻微的灾害隐患，但影响不大，仅需少量的或简单的防护设施。

(3) 通达及观赏视野较好，地质环境较不稳定，有地质灾害隐患，但通过工程治理，可以保证安全。

(4) 通达及观赏视野较差，地质环境不稳定，地质灾害严重，需要大量的治理工程和防护设施。在价值分析、环境优美性分析、观赏的通达性和安全性分析的基础上，采用积分值法进行综合评价。

6.3.5.4 岩土体空间结构可利用性评价

1. 评价深度

岩土体空间结构可利用性评价深度参照《岩土工程勘察规范(2009 年版)》(GB 50021—2001),以 35 ~ 50 m 为宜,也可根据具体情况适当调整。

2. 适宜性评价

(1)宏观分析、预测和评价不同深度构建大型工程,诸如高层建筑、地铁、仓储、人防、停车场、地下城市管廊等,可能产生的不良环境效应,并提出合理开发利用地下空间的建议。

(2)有条件的城市可以结合城市规划图以及城市具体工程项目,进行专项适宜性评价,并提出对策建议。

6.3.5.5 天然建筑材料资源评价

(1)根据《固体矿产勘查原始地质编录规程(试行)》(DD 2006—01)等相关规范或标准,评价各类天然建筑材料质量,并进行质量等级初步划分。

(2)采用算术平均、平行断面、三角形或等值线法,对各类建筑材料的储量进行估算。

(3)根据建筑材料的产地、分布、质量、储量、开采条件和交通运输条件,结合城市规划、生态建设和环境保护要求,提出建筑材料合理开发利用建议。

6.3.6 建设用地地质环境适宜性评价

建设用地地质环境适宜性评价就是按一定的评价标准和方法,就城市地质环境对城市工程建设的规划和实施的适宜程度进行评定。

6.3.6.1 评价指标体系选择

评价指标体系的选取要充分体现"重要性、普遍性、差异性"的原则。

影响城市建设用地地质环境适宜性的地质环境要素主要包括气象、水文、地形地貌、地层岩性、地质构造、地震、水文地质、工程地质、地质灾害、土地利用现状、城市资源利用现状、河岸坍塌与河口的冲淤变化等。

各地质环境要素还可进一步细分为不同的环境因子。应根据各地质环境因子对人类工程活动的相对重要性进行分类,一般分为敏感因子、重要因子和一般因子。"敏感因子"就是指对人类工程活动极为敏感或者具有决定性制约作用,但在评价区域内不普遍存在的地质环境因子(或状态);"重要因子"就是指对人类工程活动具有重要制约作用的地质环境因子(或状态);"一般因子"就是指对人类活动只具一般性影响作用或者人类工程活动对其只具很小影响的环境因子(或状态)。应选择"敏感因子"和"重要因子"构建评价指标体系。

6.3.6.2 评价单元划分

在保证同一单元内各评价指标性状的均一性的前提下,再根据评价区域的范围一般宜先采用正方形网格单元划分法进行评价单元划分,然后对评价因子状态有突变的单元,结合不规则多边形单元划分法进行细分,以确保单个评价单元内的各评价因子状态具有相对均一性。

6.3.6.3 评价因子权重确定

一般宜采用“专家打分—层次分析”的方法来确定权重,也可选用其他定权方法。

6.3.6.4 评价结果等级划分

评价结果一般按四级进行分区:适宜区、较适宜区、基本适宜区和不适宜区。

6.3.6.5 评价数学模型

一般选用指数模型、敏感因子—模糊综合评价模型进行定量评价,也可根据具体情况选用其他数学模型进行评价。

有条件的城市,也可根据城市规划的功能分区、各功能区建筑对地质环境条件的需求,进行不同功能的建设用地地质环境适宜性评价。

6.4 环境地质问题和地质灾害的影响评估

环境地质问题和地质灾害的影响评估包括对已发生的环境地质问题和地质灾害所造成的人员伤亡、土地资源破坏、含水层破坏、财产损失及潜在灾害威胁的人员数量、潜在的财产损失等进行定量或半定量评估。可采用收集历史记录、地面调查等方法进行评估。

7 图件编制

7.1 编图原则

实用性:城市环境地质图系应服务于城市总体规划,为城市地质勘察、城市规划设计和政府管理决策服务。

客观性:图的内容应主题突出,真实、可靠、准确地表现各类定性与定量地质环境要素。

评价性:在客观反映城市地质条件和现状情况下,应结合城市功能和未来发展需求,对城市环境质量优劣、地质环境背景变化趋势进行评价。

前瞻性:超前预测城市土地、水、矿产等资源潜力的可利用程度,地质环境质量变化趋势,以及开展灾害性地质问题预测等。

7.2 编图基本要求

7.2.1 采用最新地形要素数字地图作为底图。

7.2.2 基础地质图、专题评价图可根据实际需要确定,规划图应与城市规划图比例尺一致。

7.2.3 以 GIS 作为计算机编图平台。

7.3　城市地质调查图件编制

城市环境地质图系分为三个图组:基础图件、规划所需专题评价图件和规划图件。

基础图件以数字图层的形式编成,或者用 MAPGIS 等软件分解为不同的电子图层,供编制专题评价图件或规划图件使用。专题评价图件,应根据对城市发展影响较大的主要环境地质问题进行编制。规划图件在基础图件及专题评价图件的基础上,根据城市规划、建设及管理者的需求,综合编制而成。

7.3.1　基础图件

7.3.1.1　城市地质图、城市活动断裂构造图

7.3.1.2　城市第四纪地质地貌图

7.3.1.3　城市水文地质图

7.3.1.4　城市岩土体类型图

7.3.1.5　城市遥感影像图

7.3.1.6　实际材料图

7.3.2　专题图件

7.3.2.1　城市地下水资源分布图

7.3.2.2　城市地下水水位(头)等值线图

7.3.2.3　城市地下水开发利用现状图

7.3.2.4　城市地下水质量评价图

以普染色表示水质综合评价分区,可加注特殊水质指标及含量。

7.3.2.5　污染源分布图

主要反映污染源类型(工业、农业、生活、其他(垃圾场分布等))、位置、规模。

7.3.2.6　城市地下水污染评价图系

以等值线或点状符号表示主要水质污染指标及含量。

7.3.2.7　城市地下水防污性评价图

以普染色表示地下水防污性能分区。

7.3.2.8　城市热矿水资源分布与开发利用现状图

表示井(泉)位置、开采量、井(泉)口水温、井深、水位、热储层及其温度等值线。

7.3.2.9　城市地下空间资源利用前景图

表示不同的地质条件及与之相适宜的地下工程的种类、分布情况。

7.3.2.10　城市咸水入侵(迁移)现状图

表示不同时期入侵范围、方向、程度。

7.3.2.11　城市地质环境问题及地质灾害分布图

表示地质环境问题、地质灾害类型等。主要表示崩塌、滑坡、泥石流、地面塌陷、地裂缝、地面沉降、不稳定斜坡的位置、稳定性、规模,用不同颜色(稳定性)、不同大小(规模)的个体符号表示。

7.3.2.12　城市垃圾填埋场适宜性分区图

表示城市垃圾填埋场适宜性分区,分“适宜、较适宜、不适宜”三个等级,附垃圾场典型地层结构剖面。

7.3.2.13 城市应急或后备地下水源地分布图

应急或后备地下水源地位置、范围、应急或允许开采量、应急开采期。

7.3.2.14 城市热矿水资源开发利用区划图

表示热矿水开采技术条件分区、允许开采量,开发利用方式,包括供暖、工业、种植、养殖、医疗、洗浴、旅游等。

7.3.2.15 城市地下水调蓄条件区划图

含水层位置、范围、可利用调蓄空间,回灌区(点)位置,回灌水源及可供回灌水量、最大可能调蓄水量,适宜开采区,附水文地质剖面图。

7.3.2.16 工程地质图、三维工程地质剖面图

7.3.2.17 城市特殊类土分布图

主要表示特殊岩土体形成发育的地质背景条件,主要特殊岩土体的位置、类型(或种类)、厚度与分布、规模、成因、危害程度。不同特殊岩土体等级分区评价结果。

7.3.2.18 城市地下空间开发利用区划图

主要表示岩土体类型、特殊类岩土体分布、构造、地下水埋藏条件。地下工程的类型、位置、规模、埋深,与地下工程有关的环境地质现象。并附城市岩土体三维立体结构图、地下水位埋深剖面图。

7.3.3 综合评价图件

7.3.3.1 城市环境地质现状图

7.3.3.2 城市地质灾害易发区分区评价图

主要表示环境地质问题及地质背景条件。按《滑坡崩塌泥石流灾害调查规范(1:50 000)》(DZ/T 0261—2014)进行分区评价,即高易发区、中易发区、低易发区和不发育区四个等级。

7.3.3.3 城市地质灾害危险性分区评价图

主要地质灾害的位置、类型(或种类)、规模、成因、稳定性。并参考《地质灾害危险性评估规范》(DZ/T 0286—2015)进行分区评价,即危险性大、危险性中等、危险性小三个等级。

7.3.3.4 城市地下水资源合理利用及污染防治区划图

普染色表示地下水合理开发利用区划,分可增强开采区、控制开采区、调减开采区、禁止开采区四级;花纹表示地下水源地卫生防护带,分一级、二级、准保护区三级;符号表示需要整治的污染源。圈定已有水源地或具有供水意义的潜在开采水源地,用普染色标明分别与生活饮用、农田灌溉、工业或生态用水等的适宜性,用符号标识其适宜的开采强度和方式。

7.3.3.5 城市地质环境区划与城市用地适宜性评价图

1. 建筑地基适宜性分区图

绘制地基承载力等值线图,圈定并用不同颜色普染分别适宜的高层或重型建筑、工业或民用建筑、其他建筑等区域。

2. 地下工程适宜性分区图

分别用普染色标明与不同环境地质条件相适应的各类地下工程空间分布范围,用符号标识地下空间开拓过程中可能遇到的地质问题等。

3. 建筑材料开采适宜性分区图

圈定各类地质材料的埋藏、分布范围,用普染色标明“适宜、较适宜和不适宜”三个等级开采适宜性区域。

4. 生态农业地质分区图

圈定并用普染色标明适宜种植各类作物的区域。

5. 城市(镇)布局及其功能区与地质环境适宜性图

表示城市总体规划布局、城市各功能区与地质环境的适宜性,并用普染色标明城市各功能区及其与地质环境的适宜性分区。

7.3.4　地质剖面图、水文地质剖面图、工程地质剖面图、工程地质三维立体剖面图。

8　调查数据库建设

建库要求:数据库按照城市环境地质数据库录入要求建立。属性数据库平台采用MAPGIS数据,空间数据库平台采用MAPGIS数据,数据格式与图例参照现行相关规范要求执行。

9　项目承担单位质量控制

9.1　检查项目工作部署、主要实物工作量布置是否按照设计书要求进行,完成的工作量是否达到设计要求。

9.2　核查项目质量检查记录。在地质测绘、钻探、物探、样品采集与测试等过程中,应严格执行三级质量管理制度,并形成自检、互检、抽检记录。

9.2.1　项目组要对野外调查原始资料进行100%的自检与互检。

9.2.2　项目承担单位要进行20%~30%的野外检查和30%~50%的室内检查,综合图件100%的质量检查。

9.3　项目承担单位随机抽样检查。对野外地质点、物探点、勘探点、试验点、采样点等进行不少于5%的随机抽样检查和现场检查。

9.4　项目承担单位对野外获得的数据,包括野外手图、野外数据采集、实际材料图、野外各类原始编录资料、样品鉴定分析资料、测试送样单和分析测试结果等,按原始资料的20%进行随机抽查。

9.5　项目承担单位获取的全部野外资料,要经过项目所在地国土资源部门复核其可靠性。

10 野外资料验收

10.1 野外验收的依据是项目任务书、设计书、设计审查意见书、设计审批意见书、任务变更和工作调整批复意见书、有关技术要求。

10.2 野外验收应具备的条件

(1)已完成设计规定的野外工作;

(2)原始资料齐全、准确;

(3)原始资料已经进行整理,并进行了质量检查和编目造册;

(4)进行了必要的综合整理,编写了项目野外工作总结。

10.3 野外验收应提供的资料

(1)全部野外实际资料:野外原始图件,野外记录本、野外记录卡片,原始数据记录、相册、表格,野外各类原始编录资料及相应的图件,样品测试送样单和分析测试结果,各类典型实物标本,过渡性综合解译成果资料和综合整理、综合研究成果资料,其他相关资料;

(2)质量检查记录;

(3)野外工作总结。

10.4 野外验收应对野外地质点、物探点、测量点、试验点、测试点、取样点等进行不少于3%的随机抽样检查和现场检查。

10.5 野外验收等级可分为优秀、良好、合格和不合格4级。对野外验收不合格的,应要求被验收单位进行整改或补充野外工作,经审查发现有较多质量问题的资料,或通过补充仍达不到规定要求的资料,验收不予通过。

10.6 被验收单位收到野外验收意见书和组织验收单位意见后,应按意见的要求完善各项工作;需补充野外工作的,应及时补充和完善野外工作,并向组织验收单位提交补充工作总结,经组织验收单位审核认可后,方可转入最终成果的编制。

11 成果提交与报告编写

11.1 成果编制

11.1.1 应充分利用已有资料,全面反映调查所取得的成果,一般应包括以下内容:

(1)专业地质调查报告及图件(一般调查区、重点调查区);

(2)城市规划区地质结构模型(第四系地质、水文地质及工程地质结构模型等);

(3)城市地质环境监测方案;

(4)城市地质信息平台;

(5)用于城市规划、地学建议的相应图件。

11.1.2 专业成果报告编写内容要求见城市地质调查成果报告编写提纲(见附录5)。

11.1.3 城市地质编图应具有客观性、实用性和针对性,采用最新地形地质全要素数字地图作为底图,以 GIS 作为计算机编图平台。

11.1.4　城市地质图件分为三个图组:基础地质图组、专题评价图组与规划建议类图组。

(1)基础地质图组以数字图层的形式编制,或者用 GIS 等软件分解为不同的电子图层,供编制专题评价图组或规划图组时使用。

(2)专题评价图组应根据对城市发展影响较大的地质灾害或地质问题进行编制。

(3)规划建议类图组在基础地质图组及专题评价图组的基础上,根据城市规划、建设及管理者的需求,综合编制而成。

11.2　成果提交

11.2.1　应按照任务书要求和设计书明确的成果报告提交时间,向组织评审单位申请并提交成果报告及相关附件。

11.2.2　成果报告评审通过后应在规定时间内向项目主管单位进行成果资料归档汇交。

11.3　成果验收

11.3.1　成果报告评审依据项目任务书、设计书、设计审查意见书、野外验收意见书及有关标准和要求进行。

11.3.2　成果验收内容

(1)报告的完整性、合理性、可靠性和实用性。

(2)各项实际资料的综合整理与利用程度。

(3)各项工作成果是否符合设计及本技术要求的规定。

(4)报告、图件与实际资料是否相符。

(5)各种图件的内容、要素是否准确齐全。

(6)信息系统建设是否达到设计的技术指标,各项数据是否齐全完整。

(7)调查成果是否取得了预期的社会、环境和经济效益。

11.3.3　报告验收评审结束后,组织评审单位签署评审意见书,下发成果报告提交单位。

11.3.4　项目承担单位应根据评审意见书进行认真修改,按时将最终报告提交审查认定。

11.4　报告编写

成果报告编写提纲内容要求见附录 5。

附　录

附录0　水文地质工程地质条件复杂程度分类表

水文地质条件简单地区 （简单类型）	水文地质条件中等地区 （中等类型）	水文地质条件复杂地区 （复杂类型）
①地貌类型单一； ②地层及地质构造简单； ③含水层空间分布比较稳定； ④地下水补给、径流和排泄条件简单，水化学类型单一； ⑤水文地质条件变化不大，不存在突出的环境地质问题； ⑥地下水开发利用程度低	①地貌类型较多样； ②地层及地质构造较复杂； ③含水层层次多但具有一定规律； ④地下水补给、径流和排泄条件、水动力特征、水化学规律较复杂； ⑤水文地质条件发生较大变化，存在较突出的环境地质问题； ⑥地下水开发利用程度中等	①地貌类型多样； ②地层及地质构造复杂； ③含水层系统结构复杂、含水层空间分布不稳定； ④地下水补给、径流和排泄条件、水动力特征、水化学规律复杂； ⑤水文地质条件发生很大变化，环境地质问题突出； ⑥地下水开发利用程度高
工程地质条件简单地区 （简单类型）	工程地质条件中等地区 （中等类型）	工程地质条件复杂地区 （复杂类型）
地形简单，地貌类型单一，地形起伏小；地质结构简单，岩性单一，产状水平或缓倾，岩性岩相变化不大，岩土工程地质性质良好；区域性地下水位基本稳定，现代动力地质作用和现象及地质灾害不发育，无建筑物变形或其他“病害”现象	地形较简单，地貌类型较单一，地形起伏较大；地质结构较复杂，岩性岩相不稳定；层数较多，产状常呈倾斜，岩土工程地质性质较差；区域性地下水位波动较大，现代动力地质作用和现象及地质灾害中等发育，已有建筑物变形或其他“病害”现象，不多见	地形和地貌类型复杂，地形起伏大，地质结构复杂；岩性岩相变化大，层数多，产状多变，岩土工程地质性质不良；各种类型的地下水之间关系复杂，现代动力地质作用和现象及地质灾害发育，已有建筑物变形或其他“病害”现象，多见

附录 1 水文地质调查(每 100 km²)基本工作量

地区类别		观测路线间距(km)	观测点(个)	水点占观测点比例(%)	水文物探(点)	抽水试验(组)	勘探钻孔数(个)	水质分析(件)
平原地区	简单地区	1.7~2.0	40~45	75~85	50~60	3~4	2~2.5	8~15
	中等地区	1.5~1.7	50~55	75~85	60~80	4~6	2.5~3.5	15~20
	复杂地区	1.2~1.5	60~65	75~85	80~100	6~8	3.5~4.0	20~25
黄土地区	简单地区	1.7~2.0	40~45	65~75	80~100	3~4	1.8~2	10~15
	中等地区	1.5~1.7	50~65	65~75	100~120	4~5	2~2.5	15~20
	复杂地区	1.2~1.5	65~80	65~75	120~140	5~6	2.5~3.0	20~25
丘陵山地地区	简单地区	1.2~1.5	40~60	60~65	50~60	4~5	3~5	5~15
	中等地区	0.9~1.2	60~85	60~65	80~100	6~8	6~12	10~20
	复杂地区	0.6~0.9	80~120	60~65	100~120	8~10	8~15	20~30
岩溶地区	简单地区	1.2~1.5	40~60	60~65	50~60	3~4	1.5~2.5	5~10
	中等地区	0.9~1.2	60~90	60~65	80~100	4~5	2.5~3	10~15
	复杂地区	0.6~0.9	90~130	60~65	120~150	5~6	3~3.5	15~20

注:原则上每个新开项目布置水文地质孔 2 个,勘探孔可以收集已有可利用的水文地质孔代替;
水文物探工作原则上布置在城市后备、应急水源地。

附录 2 工程地质调查(每 100 km²)基本工作量

地区	复杂程度	观测点(个)		勘探点(个)	
		1:10 000	1:25 000	1:10 000	1:25 000
平原盆地区	简单	150~250	100~200	10~15	5~10
	中等	250~400	200~300	15~20	10~15
	复杂	350~550	300~500	20~25	15~20
丘陵山区	简单	250~400	200~300	5~10	3~5
	中等	350~500	300~400	10~15	5~10
	复杂	450~650	400~600	15~25	10~15

地区	复杂程度	岩土样(个)		原位测试(孔组)		水样(个)	
		1:10 000	1:25 000	1:10 000	1:25 000	1:10 000	1:25 000
平原盆地区	简单	150~500	75~250	2~3	1~2	8~15	4~8
	中等	300~700	150~380	4~6	2~3	10~20	6~10
	复杂	400~900	220~500	6~8	3~4	15~25	8~12
丘陵山区	简单	原位测试,岩、土样和水样数量,根据地区特点和实际需要确定					

注:黄土地区、岩溶地区参照丘陵山区执行。

附录3　设计书编写提纲

第一章　前　言

第一节　包括任务来源,任务书编号及项目编码,项目的目的、任务和意义,工作起止时间,主要工作量及成果提交时间等。

第二节　工作区范围和自然地理条件,包括地理位置、坐标范围或图幅及其编号、社会经济概况(交通位置图)。

第三节　以往工作程度,包括以往区域地质、水工环地质、地质灾害防治工作情况和与本次调查有关的成果及存在的问题与不足,现场踏勘工作情况及评述(工作研究程度图)。

第四节　城市地质资源开发利用现状(地下水源地开发、地热开发利用、地下空间开发、土地利用、垃圾处置利用、污水资源处理利用、建筑材料开发、城市建筑布局)。

第二章　地质环境背景

第一节　区域地质环境背景(简述),包括气象水文、地形地貌、地层岩性、地质构造、地震、水文地质、工程地质、人类工程经济活动等。

第二节　区域主要环境地质问题与地质灾害现状(简述),包括种类、分布、数量、规模与造成的危害及防治现状等。

第三节　调查区地质环境条件,包括气象水文、地形地貌、地层岩性、地质构造、地震、水文地质、工程地质、人类工程经济活动等(气象要素图、水文要素特征图、地形地貌图、地质构造图、水文地质图、岩土体类型图等)。

第四节　调查区主要环境地质问题与地质灾害现状,包括种类、分布、数量、规模与造成的危害及防治现状等,明确地质灾害、地质灾害隐患(地质灾害现状图)。

第三章　工作部署

第一节　工作部署原则,包括总体工作思路、技术路线和部署原则。

第二节　总体工作部署,调查区的确定,不同层次和各类地区的细化工作部署,分阶段或分年度的主要工作内容。

第三节　专题研究工作方案(结合项目区实际安排1~2个专题)。

第四节　年度安排,包括年度安排的主要内容和工作量。当年工作安排要详细具体,根据工作类别、实际情况进行安排(如地下水枯水期、丰水期统调必须安排在每年5月份、10月份)。

第四章　工作方法与技术要求

第一节　工作技术依据(标准、规范)。

第二节　论述所采用的工作方法与各自的技术要求。

第三节　论述地质环境评价的方法与要求。

第五章　实物工作量

列表说明总体工作部署和分年度各类实物工作量。

第六章　组织管理、安全管理与保障措施

第一节　组织管理措施、安全管理措施。

要求成立项目协调领导机构,主动与当地政府联系,取得指导、配合,阶段性工作应与当地汇报,听取意见和建议;

应当明确外协工作单位和主要参加人员,如各类样品测试、物探、换热试验等技术工作。

第二节　质量保障措施。

第七章　预期成果

第一节　文字报告,包括调查报告、专题研究报告、数据库建设报告及附图、附表。

第二节　提交成果报告时间。

第八章　经费预算

附录4　设计书基本格式

封面：

设计书名称

（新开项目：××项目总体设计）
（续作项目：××项目××年度工作方案）
（宋体，二号，粗体居中）

实施/承担单位：（仿宋体，三号，粗体，居中）
年　　月　　日（仿宋体，小三号，居中）

设计书扉页格式：

设计书名称

(仿宋体,二号,居中)

任务书编号:(仿宋体,四号)
项目编号:(仿宋体,四号)

编 写 单 位:(仿宋体,四号)
项目负责人:(仿宋体,四号)
编　写　人:(仿宋体,四号)
单位负责人:(仿宋体,四号)
总 工 程 师:(仿宋体,四号)
提 交 单 位:(仿宋体,四号)(盖章)
提 交 时 间:(仿宋体,四号)

附录5　成果报告编写提纲

河南省××市(县)城市地质调查评价报告

第一章　序言

第一节　项目概况

一、项目来源

二、目的任务

三、工作区范围

四、工作依据

第二节　以往工作程度分析与评述

第三节　本次工作概况

一、调查工作部署、方法、完成的工作量及质量评述

二、取得主要成果概述

第二章　城市自然地理及社会经济概况

第一节　自然地理概况

一、地形地貌

二、气象与水文特征

三、生态环境特征

第二节　社会经济概况

一、社会经济现状

1. 市域现状(市域范围,建成区及开发区范围,现状规划区范围)

2. 城市性质、城市职能、现状功能分区、发展现状(城市规模－人口,城市化水平,GDP,其他主要指标)

二、社会经济发展规划(2020年)

1. 发展目标:经济、社会、环境发展目标及主要指标

2. 发展方向:空间地域扩展的主要方向、城市布局(包括2015～2020年规划区范围、城市功能分区)等

第三节　城市社会经济发展对地质工作的需求

第三章　城市地质环境背景

第一节　地质条件

一、地层岩性及地质构造特征

二、区域地壳稳定性

第二节　水文地质条件

一、地下水类型及含水层组划分

二、含水层组空间分布及其水文地质特征

三、地下水补、径、排条件及动态变化规律

四、地下水化学特征

第三节 工程地质条件

一、岩土体工程地质分类与特征

二、新构造运动与地震

第四节 环境地质条件

一、地下水环境特征及质量评价

二、土壤环境特征及质量评价

三、与人居环境有关的地球化学背景条件、地球物理背景条件等

第四章 城市主要环境地质问题

第一节 地下水资源衰减与短缺

第二节 地下水污染

一、污染源类型及分布

二、地下水污染特征与分布规律

三、危害程度

第三节 地质灾害

一、地质灾害现状及类型(发生及危害情况)

二、发育特征与分布规律

三、形成条件及影响因素

四、危害程度

第四节 其他环境地质问题(特殊岩土体、咸水入侵、含水层串层污染、放射性异常和污染等)

第五节 社会影响与经济损失评估

第五章 城市地质资源

第一节 应急或后备地下水源地、地热资源

第二节 地质遗迹资源、地下空间等

第三节 其他资源分布、资源量、开发利用现状

第六章 城市地质环境评价

第一节 地下水环境评价

一、评价原则,评价方法,评价依据与标准,分区分级评价,评价结论

二、地下水质量评价

三、地下水污染现状评价

四、地下水防污性能评价

第二节　土壤污染评价
第三节　地质灾害危险性评价
一、地质灾害易发性评价
二、地质灾害易损性评价
三、地质灾害危险性评价
第四节　特殊类土体评价
第五节　垃圾处置场地质环境效应及新垃圾场适宜性评价和尾矿、固体废弃物环境效应评价
第六节　地质资源评价(开发利用潜力及开发利用条件评价)
第七节　城市建设用地地质环境适宜性评价

第七章　城市环境地质问题防治对策建议

第一节　城市环境地质问题对城市可持续发展的制约
第二节　城市环境地质问题防治对策建议
第三节　城市规划建设与地质环境协调分析建议

第八章　结论与建议

第一节　本次调查工作的主要成果
第二节　对城市发展规划和建设的建议
第三节　本次调查工作存在问题与不足
第四节　下一步工作建议

附　件

①附图;②附表;③城市地质调查工作信息系统

附录6 水文地质调查地面物探方法选择一览表

<table>
<tr><th colspan="2">调查方法</th><th>解决问题</th><th>应用条件</th><th>经济、技术特点</th></tr>
<tr><td rowspan="6">直流电法</td><td>自然电位法</td><td>1. 探测隐伏断层、破碎带位置;
2. 探测地下水的流向;
3. 探测隐伏洞穴的位置</td><td>1. 受地形、环境影响较小;
2. 适合地下水位较浅的地方工作</td><td>方法简便、资料直观,成本低</td></tr>
<tr><td>充电法</td><td>1. 探测隐伏断层、破碎带位置;
2. 探测地下水的流速、流向、位置;
3. 追踪地下洞穴的延深、分布;
4. 圈定海水入侵的边界、范围</td><td>受地形、环境影响较小</td><td>方法简便,对一些特殊问题,如地下水活动,位移监测有显效,成本低</td></tr>
<tr><td>电阻率剖面法</td><td>1. 探测隐伏断层、破碎带的位置、走向;
2. 探测隐伏地下洞穴的位置、埋深,判断充填状况;
3. 测定覆盖层厚度,确定基岩面形态;
4. 划分基岩风化带,确定其厚度;
5. 探测第四系地层厚度、岩性结构及含水层(组)特征;
6. 探测隐伏古河道的位置、分布;
7. 划分咸淡水的界线</td><td>地形起伏小,要求场地宽敞</td><td>资料简单、直观,工作效率高,以定性解释为主,成本低</td></tr>
<tr><td>电阻率测深法</td><td>1. 测定覆盖层厚度,地层结构,确定基岩面形态;
2. 划分基岩风化带,确定其厚度;
3. 探测隐伏洞穴的位置、埋深;
4. 探测基岩断层位置、走向;
5. 划分咸淡水的平面界线,探测纵深变化特征;
6. 探测松散层的厚度、岩性特征;
7. 探测隐伏古河道的位置、形态、岩性特征</td><td>1. 地形无剧烈变化;
2. 电性变化大且地层倾角较陡地区不宜</td><td>方法简单、成熟,较普及;资料直观,定性定量解释方法均较成熟;成本较低</td></tr>
<tr><td>激发极化法</td><td>1. 测定地下水位埋深;
2. 探测隐伏断层、破碎带位置,含水层特征;
3. 探测地下洞穴的位置、判断充填性质</td><td>1. 地形影响小,要求一定工作场地;
2. 适合岩性变化较小的地方工作</td><td>是研究岩石极化特征的方法,可以提供一些特殊信息,但机制较复杂,需认真分析</td></tr>
<tr><td>高密度电阻率法</td><td>1. 探测隐伏断层、破碎带位置、产状、性质;
2. 测定覆盖层厚度,确定基岩面形态;
3. 划分基岩风化带,确定其厚度;
4. 探测隐伏地下洞穴的位置、形态、埋深,判断充填物性质;
5. 探测松散层厚度、岩性、咸淡水的空间特征;
6. 确定海水入侵的界线;
7. 探测隐伏浅层古河道的位置、形态特征</td><td>1. 地形无剧烈变化,要求有一定场地条件;
2. 勘探深度一般较小,<60 m</td><td>兼具剖面、探测功能,装置形式多样,分辨率相对较高,质量可靠,资料为二维结果,信息丰富,便于整体分析;定量解释能力强;成本较高</td></tr>
</table>

续附录6

调查方法		解决问题	应用条件	经济、技术特点
电磁法	音频大地电场法	1. 探测隐伏断层、破碎带的位置、延伸； 2. 探测隐伏洞穴的位置； 3. 划分咸淡水的平面界线	1. 受地形、场地限制小； 2. 天然场变影响较大时不宜工作； 3. 输电线、变压器附近不宜工作	仪器轻便，方法简单，适合地形复杂区工作，资料直观，以定性解释为主，适于初勘工作，成本低
	电磁感应法	1. 探测隐伏断层，破碎带位置、延伸； 2. 探测隐伏洞穴的位置、大致埋深及充填性质； 3. 划分咸淡水的平面界线	1. 地形相对平坦； 2. 强游散电流干扰区不宜工作	对低阻体较灵敏，方法组合较多，可针对不同地质体采用不同方式探测，资料结果较复杂，以定性解释为主，成本低
	甚低频电磁法	1. 探测隐伏断层、破碎带位置、延伸； 2. 探测岩性接触带的位置； 3. 探测隐伏洞穴位置、判断充填性质； 4. 划分咸淡水的平面界线	1. 有效勘探深度较小，一般为数十米； 2. 受电力传输线干扰易形成假异常	被动源电磁法，较轻便，受地形限制较小，以定性解释为主，成本低
	电磁测深法	1. 探测隐伏断层、破碎带位置、产状、性质； 2. 探测隐伏地下洞穴的位置、形态及充填物性质； 3. 测定覆盖层厚度，确定基岩面形态； 4. 探测地层结构、岩性特征； 5. 测定松散层厚度、岩性结构； 6. 探测隐伏古河道的位置、形态	1. 适于地表岩性较均匀地区； 2. 电网密集、游散电流干扰地区不宜工作	工作简便，效率高，勘探分辨率较高，受地形限制小，但在山区受静态影响严重，成本适中
	瞬变电磁法	1. 探测隐伏断层，破碎带的位置、产状、性质； 2. 测定覆盖层厚度，确定基岩面形态； 3. 划分基岩风化带，确定其厚度； 4. 探测隐伏地下洞穴的位置、形态及充填物性质； 5. 探测第四系地层厚度、岩性结构及含水层(组)特征； 6. 探测咸淡水平面分界、纵深变化特征； 7. 探测隐伏古河道的位置、形态	1. 受地形、接地影响小； 2. 电网密集、游散电流区不宜工作	静态影响和地形影响较小，对低阻体反应灵敏，方式灵活多样，成本适中
	探地雷达	1. 探测隐伏断层的位置、产状、性质； 2. 探测覆盖层厚度，确定基岩面形态； 3. 划分基岩风化带，确定其厚度； 4. 探测隐伏地下洞穴的位置、形态； 5. 探测隐伏古河道的位置、形态	1. 受地形、场地限制较小； 2. 勘探深度较小，最大深度 30 ~ 50 m	具有较高的分辨率，适用范围广，成本较高

续附录6

调查方法		解决问题	应用条件	经济、技术特点
弹性波法	浅层地震法	1. 探测隐伏断层的位置、产状、性质； 2. 测定覆盖层厚度，确定基岩面形态； 3. 探测隐伏地下洞穴的位置、形态； 4. 探测第四系地层厚度、岩性结构及含水层(组)特征； 5. 探测隐伏古河道位置、形态	1. 人工噪声大的地区施工难度大； 2. 要求一定范围的施工场地	对地层结构、空间位置反映清晰，分辨率高，精度高，成本高
	瑞雷波法	1. 测定覆盖层厚度，确定基岩面形态； 2. 探测隐伏地下洞穴的位置、形态； 3. 探测基岩风化带，确定其厚度	1. 受地形、场地条件限制较小； 2. 勘探深度较小，目前一般在30～50 m	适合于复杂地形条件下工作，特别是对浅部精细结构反映清晰，分辨率高、工作效率高； 资料直观，成本适中
层析成像法	电阻率层析成像法	1. 探明隐伏断层、破碎带的位置、产状； 2. 探明隐伏洞穴的位置、空间形态、充填性质	1. 充水(液)孔且孔内无套管； 2. 井－井探测有效距离小于120 m； 3. 剖面与孔深比一般要求小于1	属近源探测，准确性较高，适合对重点部位地质要素的详细了解，资料结果比较直观、精确，成本较高
	电磁波层析成像法	1. 探明隐伏断层、破碎带的位置、产状； 2. 探明隐伏洞穴的位置、空间形态、充填性质	1. 孔内无套管； 2. 井－井探测有效距离一般在100 m以内； 3. 剖面与孔深比一般要求小于1	适合对重点部位地质要素的勘探，资料准确、直观，成本较高
	地震层析成像法	1. 探明隐伏断层的位置、产状； 2. 探明隐伏洞穴的位置、空间形态	1. 钻孔的激发、接收条件要尽可能一致； 2. 可在井管孔中施工； 3. 井－井探测距离小于120 m； 4. 剖面与孔深比一般要求小于1	适合对重点地质要素的了解，资料准确、直观，成本较高
	声波层析成像法	1. 探明隐伏断层、破碎带位置、埋深、形状； 2. 探明地下洞穴的位置、埋深、形状	1. 受发射能量限制，井－井跨距一般较小，最大30～50 m； 2. 剖面与孔深比一般要求小于1	为无损检测工作，孔内工作激发比较简单，可测声波参数多，信息量大，成本较高

续附录6

调查方法		解决问题	应用条件	经济、技术特点
放射性及其他方法	氡气法	探测隐伏断层的位置、分布	1. 受地形、场地、环境的限制小； 2. 测点尽可能避开近期的人工扰动地段	方法简便，限制少，适于普查工作，成本低
	汞气测量法	1. 探测隐伏断层、破碎带的位置； 2. 探测地下洞穴的位置	1. 受地形、场地、环境的限制小； 2. 取样点避免近期的人工扰动	方法简便，资料直观，效率高，适于普查工作，成本低
	微重力测量法	1. 探测隐伏断层、破碎带的位置； 2. 探测隐伏洞穴的位置、埋深	1. 要求精确度高的探测工作； 2. 不受场地、环境限制，在坑道、平洞中可开展工作	测量条件简单，资料分析难度较大，适合于在某些特殊环境下的工作，成本高

附录7　水文地质钻孔主要地球物理测井方法一览表

方法	解决问题	应用条件	经济、技术特点
电阻率测井	1. 确定第四系（松散层）地层岩性及厚度； 2. 划分咸淡水界面； 3. 确定含水层岩性、顶底板界面和厚度、岩层裂隙及岩溶发育段、发育程度及富水性等	在充水（液）孔中测试	电极组合方式较多，资料解译简单、成熟
放射性测井	1. 确定第四系地层岩性、厚度； 2. 确定松散层地层厚度，判断岩性	1. 在干、充水（液）孔中测试； 2. 孔内无套管	方法简单、资料直观
参数测井	1. 确定松散地层岩性、厚度； 2. 探测地层渗透性、孔隙度等； 3. 确定孔斜、孔径参数等	1. 在干、充水（液）孔中测试； 2. 孔内无套管	对地层微观结构灵敏，可解决一些特殊问题，如渗漏率、持水性等
井下电视	1. 了解钻孔内岩石破碎带的发育特征、状况； 2. 了解钻孔内洞穴的位置、形状及发育特征	1. 干孔、清水孔； 2. 孔内无套管	信息量大、直观，能提供彩色井壁图像，利于分析，成本适中

附录8　钻孔主要技术要求一览表

项目	技术要求
孔深	钻孔深度应钻穿主要含水层或含水构造带2～4 m,孔深最大允许误差为2‰
孔径	终孔直径:松散层钻孔孔径不小于200 mm,基岩裸孔试验段孔径不小于190 mm,泵室段直径应比抽水设备外径大50 mm
钻进冲洗介质	根据地层性质、水源条件、施工要求、钻进方法、设备条件等正确选择空气、泡沫、清水或清水基冲洗液作为钻探冲洗介质
岩芯	1. 钻孔都应采取岩芯,一般黏性土和完整基岩平均采取率应大于70%,单层不少于60%;砂性土、疏松砂砾岩、基岩强烈风化带、破碎带平均采取率应大于40%,单层不少于30%。无岩芯间隔,一般不超过3 m。对取芯特别困难的巨厚(大于30 m)卵砾石层、流沙层、溶洞充填物和基岩强烈风化带、破碎带,无岩芯间隔一般不超过5 m,个别不超过8 m。当采用物探测井验证时,采取率可以放宽。 2. 岩芯应填写回次标签并编号,装入岩芯箱保管。 3. 岩芯应以钻进回次为单元,进行地质编录。 4. 终孔后,岩芯按设计书要求进行处理
取样	按设计书要求采取地下水、岩、土等测试样品
孔位	勘探钻孔应测量坐标和孔口高程
止水	分层或分段抽水试验钻孔,均应按设计书和技术要求进行止水,并应进行止水效果检查
洗孔与试抽	水文地质试验孔均应进行洗孔与试抽对比。用活塞洗孔时,活塞的提拉,一般自下而上进行,每段提拉时间根据含水层岩性与水文地质条件而定,一般不小于0.5 h。洗孔试抽对比,即洗孔试抽两次,每次试抽时间应不少于2 h,在同一降深时,前后两次单位出水量变化不超过10%;且在试抽结束时,用含砂量计测定泥浆沉淀物≤0.1‰,即可认为洗孔合格,否则,应重新洗孔和捞砂。在区域水文地质条件清楚的地区,当进行洗孔试抽之后出水量达到预计出水量要求或与附近水井出水量相一致时,可不进行洗孔试抽之对比
孔深与孔斜	1. 每钻进100 m和钻进至主要含水层及终孔时、钻孔换径、扩孔结束和下管前,均应使用钢卷尺校正孔深。孔深校正最大允许误差为2‰。 2. 每钻进100 m和终孔时,必须测量孔斜。孔斜每100 m不得超过1°,可以递增计算。采用深井水泵抽水井,泵管段孔斜每100 m不得大于1°
简易水文地质观测	所有钻孔在钻进过程中必须做好简易水文地质观测: 1. 观测孔内水位、水温变化; 2. 记录冲洗液漏失量; 3. 记录钻孔涌水的深度,测量自流水头和涌水量; 4. 记录钻进中出现的异常现象

附录 9　地面沉降灾变等级划分表

种类	指标	特大型	大型	中型	小型
地面沉降	沉降面积(km^2)	>500	500～100	100～10	<10
	累计沉降量(mm)	>2 000	2 000～1 000	1 000～500	<500

附录 10　岩溶塌陷等级划分一览表

种类	指标	特大型	大型	中型	小型
地面塌陷	岩溶塌陷面积(km^2)	>20	20～10	10～1.0	<1.0

附录 11　土壤盐渍化等级划分一览表

分　级		土壤含盐量(%)		盐渍化土地所占面积比(%)
等级	名称	半干旱、半湿润区	干旱区	
终极	盐　土	>1.5	>2.0	>50
Ⅲ	重度盐渍化	1.0～1.5	1.5～2.0	30～50
Ⅱ	中度盐渍化	0.5～1.0	1.0～1.5	10～30
Ⅰ	轻度盐渍化	0.2～0.5	0.5～1.0	<10
0	非盐渍化	<0.2	<0.5	—

附录 12　地下水补给强度估算方法一览表

类型	方法	局限	优点	强度范围(mm/a)	空间尺度(km^2)	时间尺度(a)
地表水	基流分割	不适合于季节性河流，也不清楚河流量曲线何时出现基流	该方法是少数几个整体测量补给的方法之一	400～3 500	10^{-4}～1 300	0.3～50
	河道水均衡	流量测定不准确，如果测流位置间距离较短，差别可能不明显	河流量测试很容易完成，对于了解总渗透量是很有用的	100～5 000	10^{-3}～10	0.1～5
包气带	测渗计	仅能得到一种类型的土壤、植被和土壤结构的局部数值，在干旱区可能是不切实际的。另外，测渗计没有考虑地表径流问题	可以直接测定1～2 m以下的渗流量，可以用于校核其他方法	1～500	0.1～30	0.1～6

续附录12

类型	方法	局限	优点	强度范围(mm/a)	空间尺度(km^2)	时间尺度(a)
包气带	达西定律	确定的水通量值是局部的,在干旱气候条件下,很难测定水的负压	达西方程的右侧所有量都是可以测定的	20～500	0.1～1	0.1～400
	零通量面	零通量面必须存在		30～500	0.1～1	0.1～6
	氯质量平衡	长期大气沉降量通常难获得	该方法成本低,容易实现	0.1～300	0.1～1	5～10 000
	天然氚剖面	目前氚峰面多数已经不存在,而且已经衰变到难于测定水平;在包气带剖面获得的也是非常局部的数据	放射性氚是一个时间标记,它随水分子运动	10～50	0.1～1	2～50
含水层	累积降水偏差	多层含水层不适用,对给水度很敏感。除了很好地评价储水系数外,需要长时间序列资料,方法仅适用于封闭的泉流域,必须已知所有的抽取水量	方法简单,长时间序列使误差稳定	0.1～1 000	1～1 000	0.1～20
	水位震荡	考虑的盆地或部分含水层通常不是封闭的,根本不知道流入和流出,特别是对于承压含水层,通常也不知道储水系数	尤其是考虑水位变化的整个周期时,这是一个简单易懂的方法	5～550	45～10 000	0.1～5
	氯质量平衡	长期大气沉降通常难获得,有几种情况该方法不适用;极特殊的情况是土壤中氯有其他来源,未考虑径流和植被吸盐也可能歪曲结果	该方法成本低,可以应用包气带氯剖面	0.1～500	2×10^{-6}～10^{-2}	5～10 000

续附录12

类型	方法	局限	优点	强度范围(mm/a)	空间尺度(km^2)	时间尺度(a)
含水层	地下水模拟	模型需要校核，利用水头数据校核通常不唯一；不能同时评价导水系数和补给；消耗时间，对边界条件敏感	这类模型可以利用许多类型的信息，它代表了整体的观点			
	泉排泄	必须知道流域面积，该方法仅适用于泉或者常年性河流，承压含水层不适用	这是另一种集中参数方法，可以利用水头观测资料	0.1～1 000	1～100	1～100
	地下水测年	需要根据概念模型校正	既可以应用于包气带，也可以应用于饱和带，由于含水层中压力传输比溶质传输快，所有的示踪剂方法可以展示时间上的平均特征	^{14}C：1～100 ^{3}H、CFC：30～1 000	2×10^{-6}～10^{-2}	^{14}C：200～200 000 ^{3}H、CFC：2～40

附录13　地下水更新性评价分级标准一览表

滞留时间(a)	更新速率(%)	评价级别
< 50	>2	较强
50～1 000	2～0.1	一般
1 000～10 000	0.1～0.01	较差
> 10 000	<0.01	差

附录14　地下水埋深和净补给量级别一览表

参数	级别									
	1	2	3	4	5	6	7	8	9	10
地下水埋深(m)	30.5	26.7	22.9	15.2	12.1	9.1	6.8	4.6	1.5	0
净补给量(mm/a)	0	51	71.4	91.8	117.2	147.6	178	216	235	254

附录 15　地下水调蓄空间规模分级表

大型调蓄库容	中型调蓄库容	小型调蓄库容
$V_g \geq 10 \times 10^8\ m^3$	$5 \times 10^8\ m^3 \leq V_g < 10 \times 10^8\ m^3$	$V_g < 5 \times 10^8\ m^3$

附录 16　地下水库受水能力分类表

A 类	B 类	C 类
降水入渗系数 $\alpha \geq 0.50$,含水层渗透系数 $K_r \geq 100$ m/d,属于粗砂、砾石级及其以上值,受水能力强。若 $\alpha \geq 0.50$,而 $K_r < 100$ m/d,则记为 A_{12} 类;若 $\alpha < 0.50$,而 $K_r \geq 100$ m/d,记为 A_{21} 类	降水入渗系数 $0.50 > \alpha \geq 0.30$,含水层渗透系数 $100\ m/d > K_r \geq 10$ m/d,属于细砂、粗砂级之间值,受水能力中等。若 $\alpha > 0.30$,而 $K_r < 10$ m/d,记为 B_{12} 类;若 $\alpha < 0.30$,而 $K_r > 10$ m/d,记为 B_{21} 类	降水入渗系数 $\alpha < 0.30$,含水层渗透系数 $K_r < 10$ m/d,属于细砂级以下值,受水能力相对较弱

附录 17　地下水可开采量主要计算方法一览表

<table>
<tr><th colspan="4">孔隙水</th><th rowspan="2">岩溶水</th><th rowspan="2">裂隙水</th></tr>
<tr><th>山间河谷及傍河型</th><th>冲洪积扇型</th><th>冲积、湖积平原型</th><th>滨海平原及河口三角洲型</th></tr>
<tr><td>1. 数值法或电模拟法。
2. 截潜流工程实抽法。
3. 水文分析法</td><td>1. 数值法或电模拟法。
2. 水均衡法。
3. 干扰井群法。
4. 降落漏斗法。
5. 小型水源地允许采用试验推断法</td><td>1. 数值法或电模拟法。
2. 非稳定流干扰井群抽水法。
3. 降落漏斗法。
4. 小型水源地允许采用开采强度法</td><td>1. 数值法或电模拟法。
2. 试验性开采抽水法</td><td colspan="2">1. 数值法或电模拟法。
2. 试验性开采抽水法。
3. 水文分析法。
4. 以矿坑实际排水量的多年观测资料计算</td></tr>
<tr><td colspan="6">数理统计模型、数值模型、电模拟模型等</td></tr>
</table>

附录 18　松散岩类孔隙水水源地一级保护区范围推荐表

介质类型	细砂	中砂	粗砂	砾石
一级保护区半径 R(m)	100 ~ 160	100 ~ 200	200 ~ 500	500 ~ 1 000

附录 19　松散岩类孔隙水水源地二级保护区范围推荐表

介质类型	细砂	中砂	粗砂	砾石
二级保护区半径 R(m)	400 ~ 600	500 ~ 800	800 ~ 1 000	1 000 ~ 1 500

附录 20　地下水开采程度分级一览表

开采程度较低	开采程度中等	开采程度较高	超采	严重超采
$K_c<0.3$	$K_c=0.3\sim0.6$	$K_c=0.6\sim1$	$K_c>1$	$K_c>1.2$

附录 21　地下水防污性能评价中的 DRASTIC 模型及方法

一、DRASTIC 模型

DRASTIC 方法是地下水防污性能评价中的典型代表，目前，该方法已被许多国家采用，是地下水防污性能评价中最常用的方法。

在地下水防污性能评价中，选择对地下水防污性能影响最大且容易取得的 7 个因子：地下水埋深（depth of water - table）、净补给量（net recharge）、含水层介质（aquifer media）、土壤介质（soil media）、地形坡度（topography）、包气带介质（impact of the vadose）及含水层渗透系数（hydraulic conductivity）。按每个因子的英文大写第一个字母命名为 DRASTIC 模型。

在确定各因子评分值的基础上，按照各因子对地下水防污性能影响的大小分别给予相对权重值，影响最大的权重为 5，影响最小的权重为 1。最后，用防污指数将 7 个因子综合起来，采用加权的方法计算 DRASTIC 指数，即地下水防污指数

$$\text{DRASTIC 指数} = \sum_{i=1}^{7} W_i \times R_i$$

式中　W_i——i 因子的权重；

R_i——i 因子的评分值。

二、评价程序

在 DRASTIC 模型的基础上进行适当改进，其防污性能评价步骤如下。评价程序框图如图 1 所示。

（一）划分评价单元

采用正方形网格法结合多边形网格法进行评价单元划分，根据已有各种图形资料，对一个评价单元内评价因子状态有突变的单元进行人工调控，以确保单个评价单元内的各评价因子状态具有相对均一性。最后，将评价区划分为若干个网格单元，对各个单元进行编号并且进行数字化处理。

（二）选取评价因子

在 DRASTIC 模型所采用参数的基础上，根据可获得的资料和具体的水文地质条件，以降雨入渗补给量代替含水层的净补给量，其他的因子不变。

（三）建立评分体系

对于初值为定性评价因子，如含水层介质、土壤介质和非饱和带岩性，分别按照

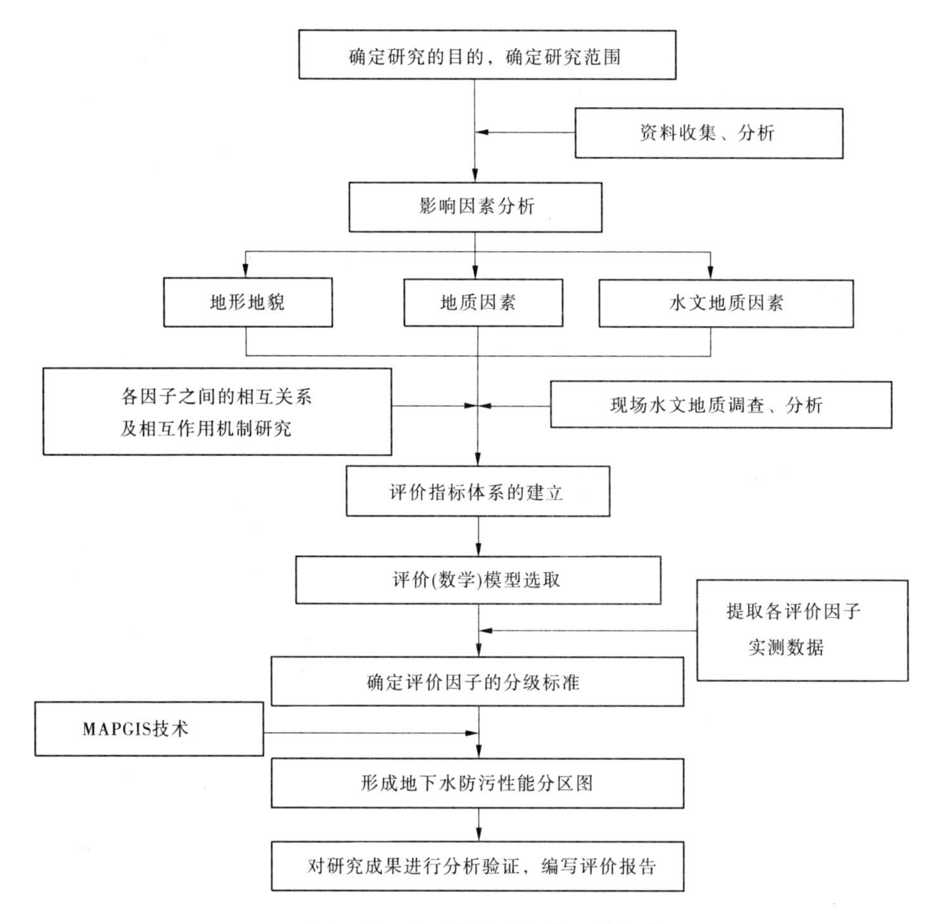

图1　地下水防污性能评价工作程序

DRASTIC 方法进行分级并给出相应的评分值。对于初值为定量评价因子,如地下水埋深、降雨入渗补给量、地形坡度、含水层渗透系数,首先对其相应的原始数据进行统计分析,根据数据所在不同的范围,用所含百分比来划分等级区间,取评分范围的中间值作为划分等级的标准,再采用分值内插法对给定的评价因子数据进行计算,取得其对应的评分值。各评价因子评分标准见表 1。

(四)确定权重

直接参考 DRASTIC 方法中给定的权重,即地下水埋深、降雨入渗补给量、含水层介质、土壤介质、地形坡度、包气带介质和含水层渗透系数的权重值分别为 5、4、3、2、1、5、3。

(五)评价结果分析

通过加权计算得到地下水防污指数为 40 ~ 181.2。结合防污性能等级划分原则(见表 2),将研究区划分为 5 个等级,即防污性能好、防污性能较好、防污性能中等、防污性能较差、防污性能差。

根据评价结果,编制出地下水防污性能分区图。

表1　地下水防污性能评价因子评分标准

评价因子	范围/类型	取值	典型评分	评价因子	范围/类型	取值	典型评分
降雨入渗补给量（mm/a）	0~50	1		含水层介质	页岩	1~3	2
	50~100	3			变质岩/火成岩	2~5	3
	100~175	6			风化岩/火成岩	3~5	4
	175~250	8			冰渍	4~6	5
	>250	9			层状砂岩及页岩	5~9	6
地下水埋深（m）	0~1	10			块状砂岩	4~9	6
	1~2	9			块状石灰岩	4~9	7
	2~5	8			砂砾岩	4~9	8
	5~10	6			玄武岩	2~10	9
	10~15	4			岩溶灰岩	9~10	10
	15~20	2		包气带介质	承压层	1	1
	>20	1			粉砂	2~6	4
地形坡度（%）	0~2	10			页岩	2~5	4
	2~6	9			石灰岩	2~7	5
	6~12	5			砂岩	4~8	6
	12~18	3			板状石灰岩/砂岩/页岩	4~8	6
	>18	1			含粉砂和黏土的砾石	4~8	7
土壤介质	薄层或裸露	10			变质岩/火成岩	2~8	7
	砂石	10			砂砾	6~9	8
	砂	9			玄武岩	2~9	9
	泥炭	8			岩溶岩	8~10	10
	末压实土	7		含水层渗透系数	1~50	1	
	砂质亚黏土	6			50~100	2	
	粉砂质亚黏土	4			100~150	3	
	黏土质亚黏土	3			150~200	4	
	垃圾	2			200~300	6	
	淤泥	2			300~400	8	
	压实土	1			>400	10	

表 2　地下水防污性能评价程度划分标准

地下水防污指数	防污性能	防污性能级别
23 ~ 75	好	Ⅰ
75 ~ 100	较好	Ⅱ
100 ~ 125	中等	Ⅲ
125 ~ 150	较差	Ⅳ
150 ~ 230	差	Ⅴ

附录 22　城市地质环境安全评价方法

一、城市地壳稳定安全评价方法

活动断层是指目前正在持续活动的断层，或在历史时期或近期地质时期活动过、极可能在不久的将来重新活动的断层。活动断层与地壳自身活动性密切相关，来自板块边界的作用力是中国大陆新生代和现今构造变形的主要动力源。活动断层在我国分布广泛，活动断层对城市建设的危害主要体现在两方面：其一是活动断层自身活动所带来的直接危害。活动断层的地面错动及其附近的伴生地面变形，往往会直接损害跨越断层修建或建于其附近的建筑物。其二是活动断层活动所伴生的间接危害。活动断层多伴有地震，强烈地震又会使建于活动断层附近的大范围建筑物受到损害。另外，活动断层附近岩土体通常比较破碎，沿着活动断裂带、滑坡、崩塌等地质灾害密集分布，特别是在地形起伏较大的山区。例如发生在 2008 年 5 月 12 日的汶川地震，在“龙门山断裂带”周围一定范围，崩塌、滑坡灾害十分发育，给附近的乡镇造成毁灭性冲击。

因此，在城市规划建设时应避开活动断层的主要影响区，避免其所带来的直接或者间接的危害。表 1 中根据活动断层的活动性给出了影响宽度的建议值。

表 1　活动断层活动性分级及影响宽度建议　（孙叶，1998）

<table>
<tr><th rowspan="2">活动断层等级</th><th rowspan="2">活动速率（mm/a）</th><th colspan="2">断层位移活动最大累计量（mm）</th><th colspan="2">工程建设的适宜性</th></tr>
<tr><th>$\sum_{i=1}^{50a} d_i$</th><th>$\sum_{i=1}^{100a} d_i$</th><th>跨断层建筑破坏所需年限</th><th>各类建筑的回避情况</th></tr>
<tr><td>高速活动断层</td><td>>10</td><td>>500</td><td>>1 000</td><td>1 a 明显破坏</td><td>一切工程建筑都不适宜，应避开相当距离或采取特殊有效措施</td></tr>
<tr><td>较高速活动断层</td><td>10 ~ 1</td><td>500 ~ 50</td><td>1 000 ~ 100</td><td>1 ~ 10 a 明显破坏</td><td>绝大部分建筑都不适宜，管线工程需采取措施</td></tr>
</table>

续表1

活动断层等级	活动速率(mm/a)	断层位移活动最大累计量(mm)		工程建设的适宜性	
		$\sum_{i=1}^{50a} d_i$	$\sum_{i=1}^{100a} d_i$	跨断层建筑破坏所需年限	各类建筑的回避情况
中速活动断层	0.9～0.1	45～5	90～10	50～100 a可能破坏	重要工程建筑应考虑设防
低速活动断层	0.09～0.01	4.5～0.5	9～1	1 000 a可能损坏	特殊工程建筑应考虑设防
微速活动断层	<0.01	<0.5	<1	不损坏	工程建筑可按不活动考虑

区域地壳稳定性问题通常与活动断层问题伴生存在。区域地壳稳定性是指工程建设地区,在内、外动力地质(以内动力为主)的作用下,现今地壳及其表层的相对稳定程度,以及这种稳定程度与工程建筑之间的相互作用和影响(胡海涛,2001)。因此,评价区域地壳稳定性就必须考虑两个方面:

(1)影响区域稳定性的内、外动力地质作用;

(2)所要研究地区现今地壳及其表层的特征。

由于不同地区影响区域稳定性的因素及其作用程度明显不同,因而在进行区域稳定性评价时,只能选择一些对区域稳定性有影响的主要因素作为评价指标。

一般情况下,根据影响区域地壳稳定性的因素并结合工程要求将地壳稳定性划分为:

(1)稳定区:地震活动性低或无地震,受邻区地震影响的基本烈度为Ⅵ度或低于Ⅵ度,各类工程均不需要抗震措施。这类地区稳定条件良好,适合各类建设。

(2)基本稳定区:自身存在发震构造,但震级低,或受邻区地震影响的基本烈度为Ⅶ度,一部分建筑需要抗震措施,大部分建筑需要简单的抗震措施。这类地区地壳是基本稳定的,适合于建设。

(3)次稳定或次不稳定区:区内存在发震断裂,地震震级较高(6～7级),地震基本烈度为Ⅷ、Ⅸ度,各种工程均需要进行抗震设防,少部分工程不宜建设在这类区内。

(4)不稳定区:基本烈度为Ⅹ度及更高的地区,或在地震过程中可产生严重灾害,是历史上的强烈震中区,不宜在该区进行大规模或较重大的工程建设。

区域地壳稳定性已从定性评价发展到定量－半定量评价,如区域稳定性专家系统(殷跃平,1990;李同录,1991)、模糊数学多级评判(杜东菊,1986)等,而且更加注意因素的广泛性,除了地震活动和基本烈度等主要指标外,还考虑到地壳深部结构、地应力、活动断裂年龄等。

综合已有文献确定区域地壳稳定性评价因子及等级(见表2)。其中地壳稳定性主要考虑地震震级、地震动峰值加速度、活动断裂、构造应力场、地壳岩石完整性状、地壳垂直运动速度;地面稳定性主要考虑岩土体特征、地貌类型和地质灾害3个因素。

表 2　区域地壳稳定性评价因子及等级

评价因子		稳定性分级			
		稳定区	次稳定区	次不稳定区	不稳定区
地壳稳定性	地震震级	Ms＜5	5≤Ms＜6	6≤Ms＜7	Ms≥7
	地震动峰值加速度	≤0.10g	(0.10～0.20)g	(0.20～0.30)g	≥0.40g
	活动断裂	无活动断裂或有老断裂存在,远离活动断裂两侧地表投影范围,重磁异常分布均匀	按照断层深度和产状,在地表断裂两侧投影范围边界附近,无活动断裂通过,位于重磁异常梯度带附近的梯度值小于 5×10^{-5} m/s^2 (10 km)	按照断层深度和产状,在地表断裂两侧投影范围内,有活动断裂或分支断裂通过,一般为基底断裂,断层多次活动,但现今活动性并不强烈,断层两盘相对垂直运动速度小于 1.0 mm/a,位于重磁异常梯度带内的梯度值:$5\times10^{-5}\sim10\times10^{-5}$ m/s^2 (10 km)	按照断层深度和产状,在地表断裂两侧投影范围内,有主活动断裂存在,一般为地壳断裂,断层多次活动,断层两盘相对垂直运动速度大于 1.0 mm/a,活动断裂端点、拐点和交叉点的重磁异常梯度值大于 10×10^{-5} m/s^2(10 km)
	构造应力场	应力分布均匀,应力与活动断裂夹角近平行或垂直,无明显剪应力异常区	应力分布较均匀,主应力与活动断裂夹角为 5°～15°或 71°～80°,临近剪应力异常区的剪应力值小于1.3 MPa	应力分布不均匀,主应力与活动断裂夹角为 16°～25°或 51°～70°,位于剪应力异常区的剪应力值为 1.3～1.5 MPa	应力分布极不均匀,主应力与活动断裂夹角为26°～50°,有明显剪应力异常区存在,剪应力值大于 1.5 MPa
	地壳岩石完整性状	岩石完整,以整体结构为主或为块状结构	岩石相对完整,以块状为主,局部为镶嵌结构	岩石完整性较差,以镶嵌结构为主,局部为块裂结构	岩石完整性极差,以块裂结构为主
	地壳垂直运动速度	地壳垂直运动速度为 0～2 mm/a	地壳垂直运动速度为 2～4 mm/a	地壳垂直运动速度为 4～7 mm/a	地壳垂直运动速度大于 7 mm/a
地面稳定性	岩土体特征	地面岩土体为各种坚硬岩石	地面岩土体为各种半坚硬岩石或碎裂岩体	地面岩土体为各种松散碎石土、松散中粗砂砾、松散黏土	地面岩土体为各类特殊性土,包括软黏土、饱和软黏土、松散粉细砂、饱和粉细砂、淤泥质土、人工填土等
	地貌类型	地形起伏小的平原、丘陵区	地形微起伏,相对高差小的丘陵和低山区	地形起伏较大,相对高差较大的中低山区	地形起伏大,相对高差大的中高山区
	地质灾害	无地质灾害分布,远离地质灾害影响区	物理地质作用不明显,松散堆积物不发育	发育小型地质灾害,地貌反差大,河流冲刷、切割强烈,松散堆积物发育	发育中－大型崩塌、滑坡、泥石流、地裂缝、坍塌等地质灾害

（一）城市地震活动

城市建设主要是避开强震区，地震烈度Ⅸ度以上不宜选作城市用地，烈度Ⅶ度以上，要有防震措施。在城市规划时，要按照地震烈度及地质、地形情况安排防震措施。例如重要工业不宜放在软地基、古河道或易于滑坡的地区，建筑物要尽量避开断裂破碎地带，以减少破坏。根据地壳对建筑物、山体的影响，以地震烈度为主要指标，结合工程抗震要求将安全性划分为4个等级（见表3）。

表3　地壳安全性与地震指标

安全性等级	地震指标	
	基本烈度	震级（级）
安全	≤Ⅶ	<5.5
次安全	Ⅷ	5.5～6.5
次不安全	Ⅸ	6.5～7.0
不安全	≥Ⅹ	>7.0

另外，随着地基岩性的不同，地震烈度会有增加量（见表4）。因此，在地震多发地区进行城市规划与建设，要多注意小区域沉积层的分布变化。

表4　不同岩性地区地震烈度的增加量

类别	地震烈度局部增加量（度）
花岗岩	0
石灰岩和砂岩	0～1
半坚硬土	1
黏质土	1
粗碎屑土（碎石、卵石、砾石）	1～2
砂质土	1～2
疏松堆积土	2～3

（二）城市活动断层

按照《建筑抗震设计规范》（GB 50011—2010）的有关规定，当工程建设场地内存在发震断裂时，应对断裂的工程影响进行评价，在断层两侧避开一定距离，规范中明确了以下两点：

（1）对符合下列规定之一的情况，可忽略发震断裂错动对地面建筑的影响：

①抗震设防烈度小于Ⅷ度；

②非全新世活动断裂；

③抗震设防烈度为Ⅷ度和Ⅸ度时，前第四纪基岩隐伏断裂的土层覆盖厚度分别大于60 m和90 m。

（2）对于不符合本条（1）款规定的情况，应避开主断裂带。其避让距离不宜小于表5

对发震断裂最小避让距离的规定。

表 5　发震断裂最小避让距离

烈度	建筑抗震设防类别			
	甲	乙	丙	丁
Ⅷ	专门研究	300 m	200 m	—
Ⅸ	专门研究	500 m	300 m	—

甲类建筑应属于重大建筑工程和地震时可能发生严重次生灾害的建筑;乙类建筑应属于地震时使用功能不能中断或需尽快恢复的建筑;丙类建筑应属于除甲、乙、丁类以外的一般建筑;丁类建筑应属于抗震次要建筑。

因此,按照取建筑物的最大安全距离(乙类建筑)为准进行安全避让,即Ⅷ度区 300 m、Ⅸ度区 500 m(专门研究单独考虑)。

(三)城市地壳安全评价分区

在地震烈度分区图的基础上,依据城市岩性分布图对建筑物的抗震要求进行烈度修正,得到新的烈度分区图。

进一步考虑活动断层时,按不同地震烈度分区对建筑物的要求进行安全避让,划定建筑安全等级分区。安全等级划分方法为:

(1)不安全区级——烈度Ⅹ度及Ⅹ度以上区、活动断层烈度Ⅸ度 500 m 避让区或活动断层烈度Ⅷ度 300 m 避让区;

(2)次不安全区级——烈度Ⅸ度区;

(3)次安全区级——烈度Ⅷ度区;

(4)安全区级——烈度Ⅶ度及Ⅶ度以下区。

二、城市地面稳定安全评价方法

地面稳定安全性是指在地壳活动影响下,诱发和直接产生的各种地表地质灾害对工程场地安全的影响程度。地面稳定安全评价的主要对象是指受地球内、外地质作用或人类工程活动引发的发生于地球浅表层的地质灾害现象,包括地面塌陷、地面沉降、地裂缝、崩塌、滑坡、泥石流等。这种形式的安全主要体现在其发生的概率上,即灾害的易发性,按照灾害发生的可能性,可将其中的极高易发区定义为城市建设用地不安全区。城市地面稳定安全因素包括斜坡稳定、滑坡、崩塌等。

随着城市规模的迅速发展,很多筑房修路工程必须面临削坡问题,进而形成新的人工边坡,恶化了自然斜坡的稳定性。斜坡稳定性一方面受斜坡本身的地质环境要素控制,另一方面受外在因素的影响。前者是斜坡稳定评价的基本因素,通常包括组成斜坡的岩性、斜坡的结构类型、地形坡度、斜坡高度、构造条件及地面变形;后者是诱发因素,如地表水作用、降雨及人类工程活动等。表 6 给出了斜坡稳定性评价因子和稳定性等级。

以上所述的斜坡稳定性评价是针对未发生失稳破坏的斜坡,而城市建设中通常会遇到已经形成的斜坡地质灾害体,即滑坡、崩塌等。同样受内、外双重因素的影响,内在影响因素主要包括岩土体特征(滑面和滑体的结构)、滑面形态特征,外在诱发因素主要包括地表水作用、降雨及人类工程活动等。具体参见表7。

表6　斜坡稳定性评价因子及等级

评价因子			稳定性等级			
			不稳定斜坡	次不稳定斜坡	基本稳定斜坡	稳定斜坡
斜坡稳定性评价基本因素	工程岩组		松散体	软弱岩体	中等坚硬岩体	坚硬岩体
			黄土、松散堆积物、崩积物、坡积物等松散堆积层,风化碎裂岩、断层破碎带	泥岩、页岩、千枚岩、煤系等软弱地层,砂泥岩互层、薄层碳酸盐岩、泥灰岩和碎屑岩互层等软硬相间地层	厚层中－细砂岩、粉砂岩、砾岩等;中－厚层碳酸盐岩,具明显喷发旋回或间断的流纹岩、玄武岩、凝灰岩等火山岩,石英片岩、角闪石片岩、千枚岩等浅变质岩	花岗岩、闪长岩、辉长岩等大型坚硬块状侵入岩,流纹岩、玄武岩等火成岩体,巨－厚层中粗石英砂岩、含砾砂岩等,巨－厚层碳酸盐岩及坚硬深变质岩,大理岩、石英岩、片麻岩等
	斜坡结构类型	同向坡	岩层倾角 β 小于坡角 α,大于岩体摩擦角 ψ	岩层倾角 β 接近坡角 α 和岩体摩擦角 ψ	总体岩层倾角 β 大于斜坡坡角 α,坡脚处岩层面不临空	平缓近水平岩层或岩层倾角 β 大于斜坡坡角 α
		斜向坡	岩层倾角 β 小于坡角 α,大于岩体摩擦角 ψ	岩层倾角 β 小于坡角 α,大于岩体摩擦角 ψ	岩层倾角 β 与坡角 α 接近	岩层倾角 β 大于斜坡坡角 α
		反向坡	陡倾－陡立(＞60°)	陡倾－陡立(＞60°)	中等－陡倾角(倾角45°～60°)	缓－中等倾角(倾角10°～45°)
	地形条件	坡度	＞50°	35°～50°	15°～35°	＜15°
		坡高	＞500 m	250～500 m	100～250 m	＜100 m
	构造条件	新构造活动与地震	强烈抬升区,活动断裂发育,地震活动强烈,地震烈度≥Ⅸ度	抬升区,活动断裂较发育,地震活动较强烈,地震烈度Ⅶ～Ⅸ度	相对稳定区,地震烈度＜Ⅶ度	稳定区,地震活动微弱
		结构面	结构面密集,各向均很发育	结构面2～3组,发育有顺坡向结构面	结构面1～2组,以反倾结构面为主	结构面不发育,无Ⅲ级以上结构面
	地面变形	斜坡后缘	有多条深大的拉张裂缝	1～2条拉张裂缝	断续细小拉裂缝	无变形迹象
		斜坡前缘	有很明显的“隆起”	轻微的“隆起”	无明显“隆起”	无

续表 6

评价因子			稳定性等级			
			不稳定斜坡	次不稳定斜坡	基本稳定斜坡	稳定斜坡
诱发因素	地表水作用	河流地质条件	常年冲刷	冲刷堆积交替	轻度冲刷	无或堆积为主
		地表水	前缘位于洪水位影响带	前缘位于洪水位影响带	前缘位于洪水位影响带以上	前缘位于洪水位影响带以上
	降雨状况	一次最大降雨强度	>250 mm	150～250 mm	50～150 mm	<50 mm
		日降雨强度	>200 mm	100～200 mm	50～100 mm	<50 mm
		月平均降雨强度	>400 mm	300～400 mm	100～300 mm	<100 mm
	人类工程活动		坡脚边坡开挖量大,人工爆破震动大,矿业开采及其他涵洞开挖活动强烈	坡脚边坡开挖量较大,人工爆破震动较大,矿业开采及其他涵洞开挖活动较强烈	坡脚边坡开挖量较小,人工爆破震动微弱,矿业开采及其他涵洞开挖活动较轻微	坡脚边坡开挖量小或无,无人工爆破震动,矿业开采及其他涵洞开挖活动轻微

表 7　已有斜坡地质灾害危险性评价因子及等级

评价因子			危险性等级			
			危险	次危险	次不危险	不危险
已有地质灾害评价基本因素	岩土体特征	滑面性状	软塑结构	硬塑结构	固结	
		堆积体结构	松散结构	碎裂结构	块裂结构	完整结构
	滑面形态特征	滑面平均倾角	>25°	15°～25°	<15°	<10°
		滑面形态	平面	椅状	起伏	
	地形条件	坡度	>35°	20°～35°	<20°	
		滑面倾向与前缘临空倾向	基本一致	小角度斜交(<25°)	中角度斜交(25°～45°)	大角度斜交(>45°)
		沟谷切割程度	切穿滑床	接近滑床	未切穿滑床	

续表7

评价因子			危险性等级			
			危险	次危险	次不危险	不危险
诱发因素	地表水作用	河流地质条件	常年冲刷	冲刷堆积交替	轻度冲刷	无或堆积为主
		地表水	前缘位于洪水位影响带	前缘位于洪水位影响带	前缘位于洪水位影响带以上	前缘位于洪水位影响带以上
	降雨状况	一次最大降雨强度	>250 mm	150～250 mm	50～150 mm	<50 mm
		日降雨强度	>200 mm	100～200 mm	50～100 mm	<50 mm
		月平均降雨强度	>400 mm	300～400 mm	100～300 mm	<100 mm
	人类工程活动		坡脚边坡开挖量大，人工爆破震动大，矿业开采及其他涵洞开挖活动强烈	坡脚边坡开挖量较大，人工爆破震动较大，矿业开采及其他涵洞开挖活动较强烈	坡脚边坡开挖量较小，人工爆破震动微弱，矿业开采及其他涵洞开挖活动较轻微	坡脚边坡开挖量小或无，无人工爆破震动，矿业开采及其他涵洞开挖活动轻微

斜坡稳定性评价方法有很多，常用的有自然历史分析法、地貌特征分析法、图解法、工程地质类比法和力学计算法等。随着科学技术的发展，许多新技术、新方法已逐渐应用于边坡工程研究，如可靠性理论、模糊理论、时空预报技术等。

（一）滑坡易发程度判别方法

根据滑坡形成的环境条件和主要诱发因素，选择地层岩性、斜坡结构类型、坡度、降雨（三日最大降雨量）、新构造活动与地震、坡高、人类工程活动和斜坡变形破坏特征8项影响因素进行滑坡易发程度综合评判（见表8）。

表8　滑坡易发程度量化评分

序号	影响因素	权重	量级划分							
			严重（A）		中等（B）		轻微（C）		一般（D）	
			因素特征	得分	因素特征	得分	因素特征	得分	因素特征	得分
1	地层岩性	0.15	泥岩、页岩、千枚岩、砂板岩、煤系地层、断层角砾岩、凝灰岩、软硬相间地层	40	堆积层、泥灰岩	30	单一岩性碳酸盐岩、砂岩	10	岩浆岩类	1
2	斜坡结构类型	0.15	顺向层状结构斜坡、崩滑残留体斜坡	40	斜向层状结构斜坡，土质斜坡	30	逆向层状结构斜坡，水平层状地层斜坡	10	横向层状结构斜坡，块状结构斜坡	1

续表 8

序号	影响因素	权重	量级划分							
			严重(A)		中等(B)		轻微(C)		一般(D)	
			因素特征	得分	因素特征	得分	因素特征	得分	因素特征	得分
3	坡度	0.10	30°～45°	40	20°～30°；>45°	30	20°～10°	10	<10°	1
4	降雨(三日最大降雨量)	0.15	>200 mm	40	85～200 mm	30	40～85 mm	10	<40 mm	1
5	新构造活动与地震	0.08	强烈抬升区，活动断裂发育，地震活动强烈，地震烈度≥Ⅸ度	40	抬升区，活动断裂较发育，地震活动较强烈，地震烈度Ⅶ～Ⅸ度	30	相对稳定区，地震烈度<Ⅶ度	10	稳定区，地震活动微弱	1
6	坡高	0.07	>300 mm	40	300～100 m	30	100～50 m	10	<50 m	1
7	人类工程活动	0.10	坡脚边坡开挖量大，人工爆破震动大，矿业开采及其他涵洞开挖活动强烈	40	坡脚边坡开挖量较大，人工爆破震动较大，矿业开采及其他涵洞开挖活动较强烈	30	坡脚边坡开挖量较小，人工爆破震动微弱，矿业开采及其他涵洞开挖活动较轻微	10	坡脚边坡开挖量小或无，无人工爆破震动，矿业开采及其他涵洞开挖活动轻微	1
8	斜坡变形破坏特征	0.2	存在不稳定的潜在滑体或土层变形体，正在活动的滑坡存在	40	具备复活条件的滑坡存在	30	已稳定的死滑坡存在	10	无滑坡现象	1

滑坡的易发程度可用下式表达

$$E_{滑} = \frac{\sum_{i=1}^{8} a_i x_i}{40}$$

$E_{滑} \geqslant 0.7$　　滑坡高易发区

$0.5 \leqslant E_{滑} < 0.7$　　滑坡中易发区

$0.3 \leqslant E_{滑} < 0.5$　　滑坡低易发区

$E_{滑} < 0.3$　　滑坡不易发区

式中　$E_{滑}$——滑坡易发程度；

x_i——滑坡易发性第 i 种影响因素的赋值；

a_i——影响因素 x_i 的权重。

根据表 8 获得 a_i 值的大小和 x_i 的赋分。

(二)崩塌易发程度判别方法

崩塌是在特定自然条件下形成的。地形地貌、地层岩性和地质构造是崩塌的物质基础;降雨、地下水作用、振动力、风化作用以及人类活动对崩塌的形成和发展起着重要的作用。根据崩塌形成的坡度、地层岩性与岩土体结构、地质构造、新构造活动与地震、人类工程活动、坡高、降雨、崩塌发生规模与发生频率8项影响因素进行崩塌易发程度综合评判(见表9)。

表9　崩塌易发程度数量化评分

序号	影响因素	权重	量级划分							
			严重(A)		中等(B)		轻微(C)		一般(D)	
			因素特征	得分	因素特征	得分	因素特征	得分	因素特征	得分
1	坡度	0.15	≥55°	40	55°~45°	30	45°~30°	10	<30°	1
2	地层岩性与岩土体结构	0.15	块状、厚层状的坚硬岩石、岩体破碎或软硬相间	40	软硬相间的层状结构岩体,碎裂状岩体	30	片状变质岩体	10	块状岩浆岩体,岩性单一的厚层状岩体,软弱岩土体	1
3	地质构造	0.05	陡峭斜坡走向与区域性断裂平行,几组断裂交会部位,褶皱核部,褶皱轴向与坡面平行	40	断裂密集分布,褶皱轴向与坡面方向斜交	30	节理裂隙较不发育,褶皱轴向垂直于坡面方向	10	断裂、褶皱构造不发育	1
4	新构造活动与地震	0.10	强烈抬升区,活动断裂发育,地震活动强烈,地震烈度≥Ⅸ度	40	抬升区,活动断裂较发育,地震活动较强烈,地震烈度Ⅶ~Ⅸ度	30	相对稳定区,地震烈度<Ⅶ度	10	稳定区,地震活动微弱	1
5	人类工程活动	0.10	坡脚边坡开挖量大,人工爆破震动大,矿业开采及其他涵洞开挖活动强烈	40	坡脚边坡开挖量较大,人工爆破震动较大,矿业开采及其他涵洞开挖活动较强烈	30	坡脚边坡开挖量较小,人工爆破震动微弱,矿业开采及其他涵洞开挖活动较轻微	10	坡脚边坡开挖量小或无,无人工爆破震动,矿业开采及其他涵洞开挖活动轻微	1
6	坡高	0.05	≥100 mm	40	100~40 m	30	40~30 m	10	<30 m	1
7	降雨(三日最大降雨量)	0.10	>200 mm	40	200~85 mm	30	85~40 mm	10	<40 mm	1

续表 9

序号	影响因素	权重	量级划分							
			严重(A)		中等(B)		轻微(C)		一般(D)	
			因素特征	得分	因素特征	得分	因素特征	得分	因素特征	得分
8	崩塌发生规模与发生频率	0.30	中型以上崩塌发生或存在中型以上崩塌的危岩体,常有小规模崩塌或落石发生	40	小型崩塌发生或存在小型崩塌的危岩体,危石存在,常有落石发生	30	无崩塌危岩体存在,时有坠石发生	10	无崩塌现象	1

崩塌易发程度可用下式表示

$$E_{崩}=\frac{\sum_{i=1}^{8}a_i x_i}{40}$$

$E_{崩}\geqslant 0.7$　　崩塌高易发区

$0.5\leqslant E_{崩}<0.7$　　崩塌中易发区

$0.3\leqslant E_{崩}<0.5$　　崩塌低易发区

$E_{崩}<0.3$　　崩塌不易发区

式中　$E_{崩}$——崩塌易发程度;

x_i——崩塌易发性第 i 种影响因素的赋值;

a_i——影响因素 x_i 的权重。

根据表 9 获得 a_i 值的大小和 x_i 的赋分。

(三)泥石流易发程度判别方法

泥石流是山区特有的一种突发性的地质灾害现象。它常发生于山区小流域,是一种饱含大量泥沙石块和巨砾的固液两相流体,呈黏性层流或稀性紊流等运动状态,是地质、地貌、水文、气象、植被等自然因素和人为因素综合作用的结果。冲和淤是泥石流的主要危害,冲是以巨大的冲击动力作用于建筑物而造成直接的破坏,淤是构造物被泥石流搬运停积下来的泥、砂、石所淤埋。其危害性与泥石流的性质、类型、强度、规模、发育阶段以及建筑物处于泥石流沟的位置和工程状况有关。

泥石流的形成条件概括起来主要表现为 3 个方面:地表大量的松散固体物质、充足的水源条件和特定的地貌条件。山区沟谷型泥石流规模大,发生频,危害严重。根据沟谷泥石流形成影响因素对沟谷泥石流易发程度进行危险性综合评判(见表 10)。

根据沟谷泥石流形成的 15 项影响因素对沟谷泥石流易发程度进行综合评判(见表 11)。

泥石流的易发程度可用下式表示

$$E_{泥}=\frac{\sum_{i=1}^{15}x_i}{130}$$

$E_{泥}\geqslant 0.85$　　高易发泥石流沟

$0.6\leqslant E_{泥}<0.85$　　中易发泥石流沟

$0.3 \leqslant E_{泥} < 0.6$　　低易发泥石流沟

$E_{泥} < 0.3$　　不易发泥石流沟

式中　$E_{泥}$——泥石流易发程度；

x_i——泥石流易发性第 i 种影响因素的赋值。

根据表 11 获得 x_i 的赋分。

表 10　沟谷泥石流危险性评价因子及等级

评价因子		等级划分			
		危险	次危险	次不危险	不危险
物源条件	崩塌、滑坡及水土流失（自然和人为活动）的严重程度	崩塌、滑坡等重力侵蚀严重，多深层滑坡和大型崩塌，表土疏松，冲沟很发育	崩塌、滑坡发育，多浅层滑坡和中小型崩塌，有零星植被覆盖冲沟发育	有零星崩塌、滑坡和冲沟存在	无崩塌、滑坡或冲沟发育轻微
	沿沟松散物储量（$10^4\ m^3/km^2$）	>10	10～5	5～1	<1
	泥沙沿程补给长度比（%）	>60	60～30	30～10	<10
	产沙区松散物平均厚度（m）	>10	10～5	5～1	<1
泥石流活动性	沟口泥石流堆积活动程度	河形弯曲或堵塞，大河主流受挤压偏移	河形无较大变化，仅大河主流受迫偏移	河形无变化，大河主流在高水位不偏，低水位偏	河形无变化，主流不偏，无沟口扇形地
	河沟近期一次变幅（m）	≥2	2～1	1～0.2	<0.2
	河沟堵塞程度	严重	中等	轻微	无
地形地貌	河沟纵坡	>12°	12°～6°	6°～3°	<3°
	沟岸山坡坡度	>32°	32°～25°	25°～15°	<15°
	产沙区沟槽横断面	V 形谷、U 形谷、谷中谷	拓宽 U 形谷	复式断面	平坦型
岩性	岩性影响	软岩、黄土	软硬相同	风化强烈和节理发育的硬岩	硬岩
构造	区域构造影响程度	强抬升区，6 级以上地震区，断层破碎带	抬升区，4～6 级地震区，有中小支断层或无断层	相对稳定区，4 级以下地震区，有小断层	沉降区，构造影响小或无影响
植被	流域植被覆盖率（%）	<10	10～30	30～60	>60
水文条件	流域面积（km^2）	0.2～5	5～10	0.2 以下或 10～100	>100
	流域相对高差（m）	>500	500～300	300～100	<100

表 11　沟谷泥石流易发程度数量化评分

序号	影响因素	量级划分							
		严重(A)		中等(B)		轻微(C)		一般(D)	
		因素特征	得分	因素特征	得分	因素特征	得分	因素特征	得分
1	崩塌、滑坡及水土流失(自然和人为活动)的严重程度	崩塌、滑坡等重力侵蚀严重,多深层滑坡和大型崩塌,表土疏松,冲沟很发育	21	崩塌、滑坡发育,多浅层滑坡和中小型崩塌,有零星植被覆盖冲沟发育	16	有零星崩塌、滑坡和冲沟存在	12	无崩塌、滑坡或冲沟发育轻微	1
2	泥沙沿程补给长度比	>60%	16	60% ~30%	12	30% ~10%	8	<10%	1
3	沟口泥石流堆积活动程度	河形弯曲或堵塞,大河主流受挤压偏移	14	河形无较大变化,仅大河主流受迫偏移	11	河形无变化,大河主流在高水位不偏,低水位偏	7	河形无变化,主流不偏,无沟口扇形地	1
4	河沟纵坡	>12°	12	12° ~6°	9	6° ~3°	6	<3°	1
5	区域构造影响程度	强抬升区,6级以上地震区,断层破碎带	9	抬升区,4 ~6级地震区,有中小支断层或无断层	7	相对稳定区,4级以下地震区,有小断层	5	沉降区,构造影响小或无影响	1
6	流域植被覆盖率	<10%	9	10% ~30%	7	30% ~60%	5	>60%	1
7	河沟近期一次变幅	≥2 m	8	2 ~1 m	6	1 ~0.2 m	4	<0.2 m	1
8	岩性影响	软岩、黄土	6	软硬相间	5	风化强烈和节理发育的硬岩	4	硬岩	1
9	沿沟松散物储量	>10×10^4 m^3/km^2	6	(10 ~5)×$10^4 m^3/km^2$	5	(5 ~1)×$10^4 m^3/km^2$	4	<1×10^4 m^3/km^2	1
10	沟岸山坡坡度	>32°	6	32° ~25°	5	25° ~15°	4	<15°	1
11	产沙区沟槽横断面	V形谷、U形谷、谷中谷	5	拓宽U形谷	4	复式断面	3	平坦型	1

续表 11

序号	影响因素	严重(A)		中等(B)		轻微(C)		一般(D)	
		因素特征	得分	因素特征	得分	因素特征	得分	因素特征	得分
12	产沙区松散物平均厚度	>10 m	5	10 ~ 5 m	4	5 ~ 1 m	3	<1 m	1
13	流域面积	0.2 ~ 5 km^2	5	5 ~ 10 km^2	4	10 ~ 100 km^2	3	>100 km^2	1
14	流域相对高差	>500 m	4	500 ~ 300 m	3	300 ~ 100 m	2	<100 m	1
15	河沟堵塞程度	严重	4	中等	3	轻微	2	无	1

（表头"量级划分"跨严重(A)至一般(D)各列）

（四）岩溶塌陷易发程度判别方法

岩溶塌陷是岩溶洞隙上方的土体和其中的水、气所组成的综合体，在自然或人为因素作用下，产生各种破坏作用，在土体中形成土洞，并发展到地面，造成地面塌陷的作用和现象。

激发塌陷活动的直接诱因除降雨、洪水、干旱、地震等自然因素外，往往与抽水、排水、蓄水和其他工程活动等人为因素密切相关。岩溶塌陷是受多种因素影响和作用的结果，岩溶洞隙的存在、一定厚度覆盖层、地下水活动是塌陷产生的基本条件。其中岩溶洞隙是可溶岩岩溶发育程度最直接的标志，是塌陷产生的基础，起着基本的支配作用，主要发育在浅部，随深度增加，迅速减弱；第四系松散沉积物是塌陷体的主要组成部分，一般来说均一砂性土是最易发生塌陷的，且岩溶塌陷大多产生于土层厚度小于 10 m 的地段；地下水活动是岩溶塌陷形成中一种十分重要的动力因素，表现十分活跃，如水位的升降及流速、流量、水力坡降的变化等，在地下水流运动集中、剧烈的地带最易产生塌陷。

岩溶塌陷危险性分区评价是从分析研究区的环境地质条件及塌陷因素入手，采用定性分析及物理模拟等方法，确定塌陷主因及塌陷模式，然后再用定量、半定量数学模型进行评价。

岩溶塌陷指覆盖在溶蚀洞穴之上的松散土体，在外动力或人为因素作用下产生的突发性地面变形破坏，其结果多形成圆锥形塌陷坑。岩溶塌陷突发性强，对地面建筑物和人身安全构成严重威胁。

岩溶塌陷的控制因素主要有：发育有浅层开口岩溶洞隙、可溶岩；一定厚度的松散覆盖层，如松软土层或破碎似松散体的基岩；易于改变的地下水动力条件。岩溶塌陷危险性评价因子及等级见表 12。

岩溶塌陷易发程度指标判别值 $E_{陷}$

$$E_{陷} = \frac{K + S + H + W + F + G}{20}$$

表 12　岩溶塌陷危险性评价因子及等级　(刘传正等,2000)

评价因子	等级划分			
	危险	次危险	次不危险	不危险
岩溶发育程度	—	强烈	中等	微弱
覆盖层岩性结构	—	均一砂土,双层或多层,底为砂砾石	双层或多层状黏性土 - 砂砾石	均一黏性土
覆盖层厚度(m)	<5	5 ~ 10	10 ~ 30	>30
岩溶地下水位(m)	<5,在基岩面附近波动	5 ~ 10,在基岩面波动或土层中	>10,在土层中;<10,在基岩中	>10,在基岩中
岩溶地下水径流条件	—	主径流带,排泄带	潜水和岩溶水双层含水层分布	径流区
地貌	—	岩溶洼地、谷地、盆地、平原、低阶地	丘陵或山前缓坡,岩溶台地,高阶地	谷坡

$E_{陷} \geq 0.7$　　塌陷高易发区

$0.5 \leq E_{陷} < 0.7$　　塌陷中易发区

$0.4 \leq E_{陷} < 0.5$　　塌陷低易发区

$E_{陷} < 0.4$　　塌陷不易发区

式中　$E_{陷}$——塌陷易发程度;

K——岩溶发育程度;

S——覆盖层岩性结构;

H——覆盖层厚度,m;

W——岩溶地下水位,m;

F——岩溶地下水径流条件;

G——地貌。

岩溶塌陷形成的影响因素 K、S、H、W、F、G 的赋值大小参考表 13。

表 13　岩溶塌陷易发程度数量化评分　(刘传正等,2000)

影响因素		得分			
		4	3	2	1
K	岩溶发育程度	—	强烈	中等	微弱
S	覆盖层岩性结构	—	均一砂土,双层或多层,底为砂砾石	双层或多层状黏性土 - 砂砾石	均一黏性土
H	覆盖层厚度(m)	<5	5 ~ 10	10 ~ 30	>30
W	岩溶地下水位(m)	<5,在基岩面附近波动	5 ~ 10,在基岩面波动或土层中	>10,在土层中;<10,在基岩中	>10,在基岩中
F	岩溶地下水径流条件	—	主径流带,排泄带	潜水和岩溶水双层含水层分布	径流区
G	地貌	—	岩溶洼地、谷地、盆地、平原、低阶地	丘陵或山前缓坡,岩溶台地,高阶地	谷坡

岩溶发育程度分为强烈、中等和微弱，其判别方法见表14。

表14　碳酸盐岩岩溶发育程度分级标志

岩溶发育程度	特征	参考性指标				
		地表岩溶发育密度（个/km^2）	钻孔岩溶率（%）	钻孔遇洞率（%）	泉流量（L/s）	单位涌水量（L/（s·m））
强烈	碳酸盐岩岩性较纯，连续厚度较大，出露面积较广；地表有较多的洼地、漏斗、落水洞，地下溶洞发育，多见岩溶大泉和暗河，岩溶发育深度较大	>5	>10	>60	>100	>1
中等	以次纯碳酸盐岩为主，多间夹型；地表洼地、漏斗、落水洞发育，地下洞穴通道不多；岩溶大泉数量较少，暗河稀疏，深部岩溶不发育	5~1	10~3	60~30	100~10	0.1~1
弱微	以不纯碳酸盐岩为主，多间夹型或互夹型；地表岩溶形态稀疏发育，地下洞穴较少，岩溶大泉及暗河少见	<1	<3	<30	<10	<0.1

（五）地面稳定安全评价分区

首先，依据地质环境分区单元地质灾害易发程度的判别方法，评判出每个地质环境分区单元的地质灾害易发程度，并将其划分为4级。

A级——地质灾害高易发区，取值4；

B级——地质灾害中易发区，取值3；

C级——地质灾害低易发区，取值2；

D级——地质灾害不易发区，取值1。

然后，对地质环境分区单元的多种地质灾害进行叠加，当有两种以上地质灾害高易发区重叠时，则取值为5。根据表15，对工作区所有地质环境分区单元进行地质灾害信息的提取和数字化。

表 15　地质灾害不同易发区取值

灾种	易发区划分							
	高易发区		中易发区		低易发区		不易发区	
	指数	得分	指数	得分	指数	得分	指数	得分
滑坡	$E_{滑} \geq 0.7$	4	$0.7 > E_{滑} \geq 0.5$	3	$0.5 > E_{滑} \geq 0.3$	2	$E_{滑} < 0.3$	1
崩塌	$E_{崩} \geq 0.7$	4	$0.7 > E_{崩} \geq 0.5$	3	$0.5 > E_{崩} \geq 0.3$	2	$E_{崩} < 0.3$	1
泥石流	$E_{泥} \geq 0.85$	4	$0.85 > E_{泥} \geq 0.6$	3	$0.6 > E_{泥} \geq 0.3$	2	$E_{泥} < 0.3$	1
塌陷	$E_{陷} \geq 0.7$	4	$0.7 > E_{陷} \geq 0.5$	3	$0.5 > E_{陷} \geq 0.4$	2	$E_{陷} < 0.4$	1

最后,根据每个地质环境分区单元的地质灾害易发程度判别结果,编制城市地质灾害易发分区评价图。也可以将滑坡、崩塌、泥石流、塌陷灾害数字化结果进行叠加分析。单元信息叠加结果(G)满足如下公式

$$G = G_{滑} \cup G_{崩} \cup G_{泥} \cup G_{陷}$$

式中　$G_{滑}$——滑坡灾害数值;

$G_{崩}$——崩塌灾害数值;

$G_{泥}$——泥石流灾害数值;

$G_{陷}$——塌陷灾害数值。

按上述方法,将单元地质灾害易发性数字化综合信息叠加结果用1、2、3、4、5等数值表示,并在计算机上用MAPGIS等软件自动生成等值线,可定量化地综合反映城市地质灾害易发程度的分布状况。其中,易发程度等值线≥3.5,为地质灾害高易发区;等值线2.5~3.5,为地质灾害中易发区;等值线1.5~2.5,为地质灾害低易发区;等值线≤1.5的地区为地质灾害不易发区。

附录 23　河南省城市类型划分表

城市类型	城市亚类	代表性城市	地貌条件
平原区类型	河谷平原型	邓州、汝州	
	冲积平原型	郑州、开封、商丘、许昌、周口、驻马店、漯河、南阳、新乡、濮阳、兰考、长垣、滑县、鹿邑、固始、新蔡	
丘陵山区类型		信阳、安阳、济源	
黄土地区类型		洛阳、三门峡、巩义、南阳、济源	
岩溶地区类型		鹤壁老城区	
矿业城市类型		平顶山、鹤壁、永城、焦作	冲积平原

注:城市类型划分仅供参考,项目承担单位可根据城市地质环境条件进行确定。

附录 24　黄土地区垃圾填埋场场址适宜性评价及优选

一、垃圾填埋场区域地质环境概况

垃圾填埋场位于豫西山区洛阳市北部黄土丘陵区，区内第四系沉积较完整，广泛分布于黄土台塬及河谷冲积平原。冲积平原区由砂卵石及粉质黏土组成，呈多层结构，其成因类型有冲积、洪积、湖积，而黄土台塬、丘陵地区则由单一的黄土或黄土与下伏砂卵石、砂质黏土组成，其成因有风积、洪积等。据物探、钻探查明，洛阳盆地基底（前新生界）最大埋深达 3 500 m 以上，最深处在洛阳市区一带。在周边局部地区也有前第四纪的地层出露。洛阳市地下水的主要开采层位是第四系浅层地下水，该层地下水分布广泛，但由于其埋藏浅，仅能依靠包气带的天然防护作用，地下水的总体防护能力较差，因此垃圾填埋场的选址对防止地下水的污染显得尤为重要。

二、垃圾填埋场的选址准则

垃圾的卫生填埋处置，须同时获得经济效益、环境效益和社会效益，并达到其最佳配置。一个合适的场址，可以减少环境的污染，降低设计要求，降低处置成本，有利于填埋场的安全管理。因此，填埋场场址的合理选择，是垃圾卫生填埋处置的第一步，也是填埋场建立过程中最重要、最关键的一步，主要遵循以下两个原则：一是从防止污染角度考虑的安全原则；二是从经济角度考虑的经济合理原则。安全原则是填埋场选址的基本原则，要求垃圾填埋场建设中和使用后对整个外部环境的影响最小，不能使场地周围的水、大气、土壤环境发生恶化。经济原则是指垃圾填埋场从建设到使用过程中，单位垃圾的处理费用最低，垃圾填埋场使用后资源化价值最高，即要求以合理的技术、经济方案，尽量少的投资达到最理想的经济效果，实现环保的目的。

三、拟选垃圾填埋场场址概况

在未来的几十年内，填埋仍将是洛阳市处理生活垃圾的主要方式，未来垃圾填埋场场址的选择也将是决策部门面对的主要问题。通过对洛阳市郊区环境地质、水文地质及环境保护等条件的野外调查，结合洛阳市交通运输及填埋场的建场等条件，初步选定了 5 个天然冲沟作为洛阳市未来垃圾填埋场的拟选场地。拟选场址概况说明见表 1。

四、拟选垃圾填埋场地适宜性评价优选

（一）评价方法介绍

层次分析法（Analytic Hierarchy Process，简称 AHP）是美国运筹学家沙坦（T. L. Stay）于 20 世纪 70 年代提出的，本身即是一种定性与定量结合的多目标决策分析方法。特别是将决策者的经验判断给予量化，对目标（或因素）结构复杂且又缺少必要数据的情况更为实用。

该方法在垃圾填埋场场址适宜性评价中的基本思路是：先根据当地的城市规划、交通

运输条件、环境保护、环境地质条件等,将场地适宜性影响因素与垃圾填埋场的选址原则结合起来,构造适宜性评价的层次分析图,再把各层次的各因素进行一一的量化处理,得出每一层各因素的相对权重,然后根据这些权重进行评判。

表1　洛阳市拟选垃圾填埋场地基本情况说明

拟选场地		潘沟		东沟		安贺沟		后五龙沟		泰山庙沟	
因素	子制约因素 C_i	情况说明	实际贡献权重	情况说明	实际贡献权重	情况说明	实际贡献权重	情况说明	实际贡献权重	情况说明	实际贡献权重
交通运输	运输距离	9 km	1	9 km	1	5 km	1	4 km	1	9 km	1
	与已有道路的距离	500 m	0.75	500 m	0.75	500 m	0.75	200 m	0.9	500 m	0.75
环境保护	与城市的距离	9 km	0.6	9 km	0.6	5 km	0.333	4 km	0.266 7	9 km	0.6
	与机场的距离	6 km	0.6	5 km	0.5	6 km	0.6	>10 km	1	>10 km	1
	与风景名胜区、保护区距离	>10 km	1	>10 km	1	>10 km	1	>10 km	1	>10 km	1
	影响人数(以村庄计)	3个	0.461 5	3个	0.461 5	7个	0.307 5	3个	0.461 5	3个	0.461 5
	常年影响	随机	0.5	随机	0.5	随机	0.5	随机	0.5	随机	0.5
	是否可能遭遇洪水	可能	0.5	可能	0.5	可能	0.5	可能	0.5	可能	0.5
	与地表水的距离	>800 m	1	>800 m	1	>800 m	0.625	>800 m	1	>800 m	1
环境地质	与水源地的距离	>800 m	1	>800 m	1	>800 m	1	>800 m	1	>800 m	1
	场地稳定性	较稳定	0.5	较稳定	0.5	较稳定	0.5	较稳定	0.5	较稳定	0.5
	地下水位埋深	<2 m	0	>15 m	1	<2 m	0	>10 m	0.666 7	5~10 m	0.5
	渗透系数(cm/s)	$>10^{-4}$	0	$>10^{-4}$	0	$>10^{-4}$	0	$>10^{-4}$	0	$>10^{-4}$	0
	黏土厚度	>3 m	0.5	>3 m	0.5	>3 m	0.5	>3 m	0.5	>6 m	1
建场条件	场地面积(万 m^2)	>20	1	>20	1	>20	1	>20	1	>20	1
	场地价格	便宜	1	便宜	1	可接受	0.5	便宜	1	便宜	1
	水电供应情况	方便	1	方便	1	方便	1	方便	1	方便	1
	防渗材料黏土的来源	>5 km	0	>5 km	0	>5 km	0	>5 km	0	>5 km	0

（二）适宜性评价优选标准

1. 适宜性等级标准

评价模型初步确定之后，场地适宜性等级评价标准一般采用百分制确定，表2是垃圾填埋场适宜性等级标准。

表2　适宜性等级标准

等级	适宜场地	较适宜场地	勉强适宜场地	不适宜场地
得分	90～100	75～90	60～75	≤60

2. 评价的具体标准

包括与城市距离的评价、交通运输条件、环境保护条件、场地建设条件、环境地质条件等。

（三）评价的数学模型

对于垃圾填埋场适宜性评价系统，采用多目标决策的线性加权方法来描述，建立一个广义的目标函数，目的是将垃圾填埋场适宜性评价的各个评价影响因子有机地结合起来，评价其场址的适宜性。广义目标函数为

$$Z = \sum_{i=1}^{n} Z_i = 100\sum_{i=1}^{n}\sum_{j=1}^{k} K_i K_{ij} K_{ijs}$$

式中　Z——垃圾填埋场适宜性总分；

Z_i——对第一层评价影响因子第 i 项影响因子的评价总分；

n——第一层评价影响因子总个数；

K_i——第一层评价影响因子第 i 项影响因子权重；

k——第二层评价影响因子总个数；

K_{ij}——第二层评价影响因子第 j 项影响因子的权重；

s——第二层评价影响因子的实际影响因子个数；

K_{ijs}——第二层评价影响因子第 j 项影响因子实际贡献权重。

乘以100是因为评价综合得分以百分制来表示的。

利用层次分析法求得各因素权重并代入评价模型进行计算，即可对垃圾填埋场适宜性进行评价。

（四）拟选垃圾场地适宜性评价

根据层次分析法的基本原理及其在垃圾填埋场地适宜性评价中的基本思路，按照以下步骤对洛阳市拟选的5个垃圾填埋场进行适宜性评价。

1. 构造适宜性评价的层次分析模型图

根据洛阳市的发展、垃圾填埋场的地理环境和位置、交通运输条件、环境地质条件、环境保护要求、场地建设条件等，构造如图1所示的递阶层次结构图。

2. 构造判断矩阵

根据洛阳市垃圾填埋的历史与现状、城市的规划与发展、垃圾填埋规划区的地理环境和位置、交通运输条件、环境地质条件、环境保护要求、场地建设条件和距洛阳市的距离等在适宜性评价中所占的相对权重，认为环境保护要求及环境地质条件比交通运输条件、场

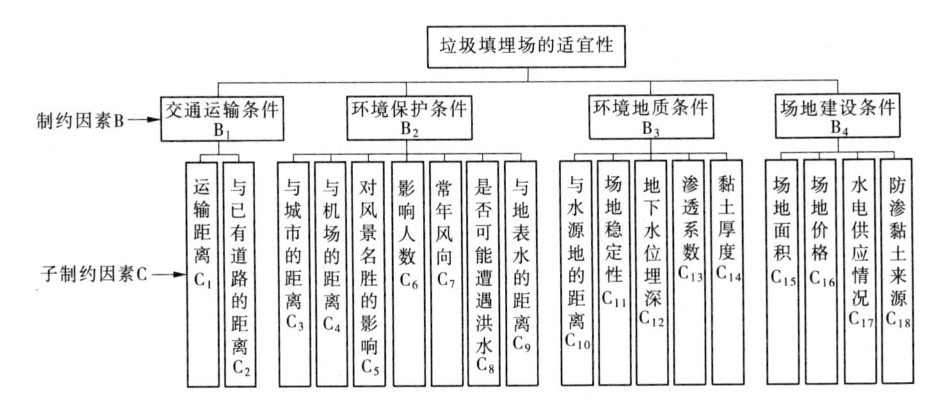

图 1　拟选垃圾填埋场适宜性评价层次结构图

地建设条件都重要，且环境地质条件更重要。依其重要性排序为：环境地质条件 > 环境保护条件 > 交通运输条件 > 场地建设条件。根据这种排序，构造了目标层 A 与制约因素层 B 之间的 A－B 判断矩阵

$$\boldsymbol{A}=\begin{bmatrix}1 & 1/2 & 1/3 & 1\\ 2 & 1 & 1/2 & 2\\ 3 & 2 & 1 & 3\\ 1 & 1/2 & 1/3 & 1\end{bmatrix}$$

3. 理论权重的计算

根据理论权重的计算方法，有

$$\bar{w}=(w_1,w_2,w_3,w_4)^{\mathrm{T}}$$
$$=(0.638\ 9,1.189\ 2,2.059\ 8,0.638\ 9)^{\mathrm{T}}$$

归一化处理后，得到制约因素 B 相对目标层 A 的权重

$$w_i=(0.141\ 1,0.262\ 7,0.455\ 0,0.141\ 1)^{\mathrm{T}}$$
$$Aw_i=(0.565\ 3,1.054\ 8,1.827\ 3,0.565\ 3)^{\mathrm{T}}$$

一致性检验

$$\lambda_{\max}=\sum_{i=1}^{n}\frac{Aw_i}{nw_i}=4.010\ 4$$

$$CI=\frac{\lambda_{\max}-4}{4-1}=0.003\ 5<0.1$$

$$CR=\frac{CI}{RI}=\frac{0.003\ 5}{0.96}=0.003\ 6<0.10$$

当 CI 不大于 0.1 时，认为判断矩阵的一致性可以接受。因此，以上一致性检验结果表明上述目标层 A 与制约因素层 B 之间的 A－B 判断矩阵的一致性较好，相对权重计算正确。

权重计算结果表明，在评价垃圾填埋场适宜性时，交通运输条件、环境保护条件、环境地质条件、场地建设条件所占的权重依次为

$$K_{\mathrm{B1}}=0.141\ 1,K_{\mathrm{B2}}=0.262\ 7,K_{\mathrm{B3}}=0.455\ 0,K_{\mathrm{B4}}=0.141\ 1$$

采用同样方法计算交通运输条件、环境保护条件、场地建设条件、环境地质条件的各子因素所占的理论权重，计算结果见表3。

表3　各制约因素的理论权重计算结果

制约因素		理论权重	
交通运输条件	运输距离	0.141 1	0.750 0
	与已有道路的距离		0.250 0
环境保护条件	与城市的距离	0.262 7	0.175 0
	与机场的距离		0.111 0
	与风景名胜区、保护区的距离		0.277 2
	影响人数		0.070 5
	常年风向		0.044 5
	是否可能遭遇洪水		0.044 5
	与地表水的距离		0.277 2
环境地质条件	与水源地的距离	0.455 0	0.250 0
	场地稳定性		0.250 0
	地下水位埋深		0.250 0
	渗透系数		0.125 0
	黏土厚度		0.125 0
场地建设条件	场地面积	0.141 1	0.277 6
	场地价格		0.466 8
	水电供应情况		0.160 3
	防渗材料黏土的来源		0.095 3

4. 拟选场地实际权重的确定及综合评价

根据适宜性评价的具体标准，结合拟选场地的实际情况，计算适宜性评价各影响因素的实际权重，计算结果如表1所示。

综上所述，利用层次分析法求得的各评价因子的相对理论权重、实际贡献权重及适宜性评价模型，就可以对洛阳市5个拟选垃圾场的适宜性进行综合评价。潘沟作为拟选垃圾场的适宜性计算结果为：

$$Z_1 = 13.23$$

$$Z_2 = 21.10$$

$$Z_3 = 19.91$$

$$Z_4 = 12.77$$

$$Z = Z_1 + Z_2 + Z_3 + Z_4 \approx 67$$

同样方法计算得到其他4个拟选场地适宜性综合评价得分见表4，从表中的计算结果可以看出,综合得分排在第一位的是拟选场地东沟,按照适宜性等级标准,其适宜性等级为较适宜场地,其次是泰山庙沟,也为较适宜场地,潘沟和后五龙沟为勉强适宜场地,安贺沟为不适宜场地。

表4 洛阳市拟选垃圾填埋场适宜性评价结果

拟选场地	得分情况					
	Z_1	Z_2	Z_3	Z_4	综合得分	适宜性排序
潘沟	13.23	21.10	19.91	12.77	67	4
东沟	13.23	20.81	31.28	12.77	78	1
安贺沟	13.23	16.85	19.91	9.47	60	5
后五龙沟	13.76	20.73	27.49	12.77	75	3
泰山庙沟	13.23	22.26	28.44	12.77	77	2

五、结束语

垃圾填埋处置是我国目前最常用的垃圾最终处理方法,填埋场场址的合理选择,是垃圾卫生填埋处置最关键的一步。为了选取洛阳市未来适合的垃圾填埋场,本文采用层次分析法,对洛阳市5个拟选垃圾填埋场地进行了适宜性评价,评价时将城市规划、交通运输、环境保护、环境地质等条件作为评价的具体标准,通过场地评价影响因子定权重和采用多目标线性加权函数的数学模型计算各拟选场地的综合评分。评价结果表明,拟选场地东沟、泰山庙沟的适宜性等级为较适宜,潘沟、后五龙沟的适宜性等级为勉强适宜场地,安贺沟为不适宜场地,这为洛阳市未来垃圾填埋场的选取提供了一定的科学依据。

参考文献

[1] 刘长礼.城市垃圾地质环境影响调查评价方法[M].北京:地质出版社,2006.

[2] 孙承志.以层次分析法进行垃圾填埋场址的选择[J].西部探矿工程,2003(3):33-34.

[3] 刘长礼,周爱国.城市地质环境评价理论方法[M].北京:地质出版社,2012.

[4] 胡晓天.以层次分析法在天津市滨海区进行垃圾填埋场选址的实例[J].岩土工程界,2003,6(4):45-46.

[5] 沈莽庭.九江市城市垃圾卫生填埋场场址适宜性评价优选[J].地球科学与环境学报,2006,28(4):100-105.

[6] Thomas L Saaty. Decision making with the analytic hierarchy process[J]. International Journal of Services Sciences, 2008,1(1):83-98.

[7] Muhammad Z Siddiqui. Landfill Siting Using Geographic Information Systems:A Demonstration[J]. Journal of Environmental Engineering,1996,122(6):515-523.